颐真园兴造

吴桂昌 著

东南大学出版社·南京

吴桂昌，教授级高级工程师，棕榈生态城镇发展股份有限公司名誉董事长。国务院政府特殊津贴专家，中国观赏园艺特别荣誉奖获得者，曾任国家林业局花卉咨询专家。现兼任中国风景园林学会副理事长、全国风景园林专业学位研究生教育指导委员会委员、中国湿地保护协会副理事长、中国花卉协会茶花分会副会长、北京林业大学客座教授、华南农业大学客座教授、浙江农林大学风景园林·美丽乡村研究中心学术委员会委员、广东园林学会副理事长、广东省湿地保护协会会长、广东省园林植物创新促进会会长、中山市空间规划委员会委员等职务。长期从事园林植物研发产销、园林绿化与园林建筑设计施工、城市生态环境建设及生态城镇投资运营等，主持或参与园林设计、施工项目逾千项，荣获建设部 99'世博会先进个人、广东省第三届优秀中国特色社会主义事业建设者、中山市劳动模范，以《棕榈科植物的引种驯化、评价与应用技术研究》(第一完成人)荣获广东省 2009 年度科学技术一等奖，获 2010 年度"中国花木产业年度人物"称号，2016 年荣获国际茶花协会"主席勋章奖"。

序一
棕茂金桂盛　业兴人文昌

　　《颐真园》系列书付梓发行了，在此，我为中国园林园地增加了库容感到由衷的高兴。这本书又一次印证了实践出真知的至理。笔者与主人同业，谨致以诚挚的祝贺并感谢所有致力于本书的各位同志，特别感谢本书编写者企业家吴桂昌先生。

　　我此生感到最陌生的行业是商业，自然历来也就淡于与企业家的交往，虽如此，我与吴先生的相交也有数十年了。我认为他爱国爱民、奉公守法，为学科教育尽社会责任，广交园林学科的朋友。从种苗起步至全面发展，至今成就辉煌。总之，以企业之成就追求文化的积累，仿佛业已水到渠成，但实际上他却意犹未尽，在文化艺术方面志在山水、追求十全，我有感于这种锲而不舍、坚韧不拔的精神有益于自身的学习积累，故与之相交甚洽。字如其人，画如其人，园如其人，颐真园的兴造忠实地记载了园主人的为人。

　　据主人介绍，对小榄宅邸和宅园的兴造事先未得周全的考量，而是有颐真之志，随遇而安、顺其自然。百善孝为先，对于"齐家"他首先想到的是为父母造一所"颐养冲和"的住所和庭院，以实现愉悦双亲之想。小榄是实现大志的理想之地，因地处亚热带北缘，温暖而雨量充沛，加以世代经营的土壤深厚肥沃，是植物生长发育的天堂。山水植物的环境好是天地之大德，天地不言，人为之代言，

于是"大德曰生"（传为尧舜之语），因此生生不息便成为中国提倡生态发展的特色。人与天调而使生物的生命持续发展。人皆有志，最理想的表达方式是"诗言志"。大禹治水堆九州山令庶民得救，生产活动反映到"天人合一"的宇宙观，进而衍生出"仁者乐山，智者乐水""仁者静，知者动，知者乐而仁者寿"的比德哲理，成就了"物我交融""外师造化，中得心源"等画论和中国园林"虽由人作，宛自天开"的意境。哲学家李泽厚先生概括中国园林艺术是"人的自然化和自然的人化"，中国园林艺术因此而得以自立于世界艺术之林。吴先生深谙岭南园林所遵循的中华文脉，以诗意名景，以额题和楹联写景，以期达到景面文心的境界。颐真园以实践印证了鲜明的地方特色，即诗意栖居。

　　此宅位于中山小榄镇南，有便捷车道方便出入。宅门据东向南，车库与揽月阁电梯间相连。宅基呈长方形，用地若为七，则宅邸约为七分之一。步云居和揽月阁皆为重屋，使其突破了历来宅邸设计前宅后园的惯例；步云居居中面南，四面山水绿荫，南敞北狭，西抱开朗而有小丘起伏的草地，东临鱼乐弄影之一池碧波，碧池衍生的小溪由南而西环抱宅邸。步云居门正南藉墙为纸，以石为绘，布置了一组壁山，小巧精微，既有现代时风而又别具中国传统置石之宗脉香馨，以生气盎然、三远兼具的缩影形象地

述说了"淡墨秋山"的意境。淡泊明志，宁静致远，与高枕步云之居统一于养颐天年、福荫子孙之趋吉冀祥。疏朗的绿毹以自然起伏的人工地形为基础，中心安亭，岭南四季树木花草沿散步小道之视线转换而设，绕楼小溪因小求精，黄蜡石点缀溪岸，湿生观叶植物千姿百态，敷润新绿，与草坪空间性格迥异，这种尺度的细部处理令人感到居所之亲切并日涉成趣。

传承岭南庭院宗脉之景皆藉墙而安。东墙偏南有祭祀性的灰塑，以楹联表达太平之望，诗酒联欢共度盛世。灰塑与台景结合，青筠翠叶在庭风中平添摇绿曳影之生趣。另一则为南墙东部之《颐真园记》，言简意赅、诗意内蕴，碑书原为笔书，后刀刻于砚石，笔耕刀种，笔刀皆精。此外可以说都是反映时代之美的景物，无不从传承中创新，将社会美寓于自然美而兴造岭南园林艺术之美。

出步云居东转或从南大门入园便可一览颐真园丰美之水景。这里虽无自然泉源可利用，但却"有真为假，做假成真"的妙手。在园之东北角引出涓涓细流，随地形蜿蜒西下落入水池，从而得到聚散有致的水景。水池因聚而显辽阔，因散而得潆洄，在现代去污、净水、再生循环和充氧等工程技术的支持下，一泓池水明净透澈，如天镜可容倒天，谓之为"天鉴颐真"，同时为肥硕的锦鲤群提供了鱼乐之地，供人明澈以赏。鱼翔水底，自在游弋，水静无声。

静观各色锦鲤自怡之游姿引人相羡，到喂食之时争相引体出水，水声大作，裂帛惊雷，五色翻滚，煞是好看。水景有周边乔灌木花草引为绿色屏扆和移步换景的变化，加以驳岸应境安型，宅邸临水木栏平台既可凭栏东望，也是幼童嬉玩之安全保障。北岸界墙所在，藉墙开绿意廊，从江苏请来紫藤古木一本，春来满廊紫氲，紫气东来也。从南入游，先过曲折平桥引向独立的水景台，石桌石凳，这里是品茗赏鱼的最佳视点。再北进则入紫藤绿意廊，领略紫藤疏荫摇叶之美。水中居北有若渔舟一叶，舟中红白莲花逗人惹眼，用心之精使荷和鱼各不相犯而各适其境。荷花出污泥而不染，岂能浊我观鱼之清水。小舟令人忆及王维名句："竹喧归浣女，莲动下渔舟。"

以上所述实为本人游目骋怀数游颐真园之心得，这是一座现代文人写意自然山水宅园，园中揽月阁反映了主人纳奇藏胜之志。阁中陈展丰富多彩，满目精彩，而就我对主人之了解，他仍意犹未尽也。仓促成文，难免谬误，敬请各方不悋赐教。

與池上明月

滿園庭
供閣攬
乙未
立冬

兵桂昌先生雅存

孟兆梅

惟遲間

清風

鼓棕風

送桂馨

序二
颐真园真义

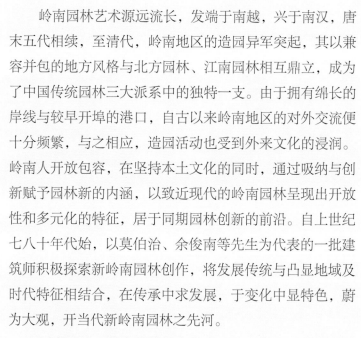

岭南园林艺术源远流长，发端于南越，兴于南汉，唐末五代相续，至清代，岭南地区的造园异军突起，其以兼容并包的地方风格与北方园林、江南园林相互鼎立，成为了中国传统园林三大派系中的独特一支。由于拥有绵长的岸线与较早开埠的港口，自古以来岭南地区的对外交流便十分频繁，与之相应，造园活动也受到外来文化的浸润。岭南人开放包容，在坚持本土文化的同时，通过吸纳与创新赋予园林新的内涵，以致近现代的岭南园林呈现出开放性和多元化的特征，居于同期园林创新的前沿。自上世纪七八十年代始，以莫伯治、余俊南等先生为代表的一批建筑师积极探索新岭南园林创作，将发展传统与凸显地域及时代特征相结合，在传承中求发展，于变化中显特色，蔚为大观，开当代新岭南园林之先河。

颐真园是一处当代的岭南宅园，既承袭了岭南造园的传统，又处处体现出创新意识。颐真园不大，然颇具"真意"。所谓"真"者，真生活、真性情、真山水……"真"是美的前提。园林占地二亩有余，绿地据其三分之二。全园呈长方形，住宅居中，名"步云居"，前后左右皆园，东据水面，西依果园。东部的花园为主要的活动空间，飞鸿游鲤、品茗听戏，汀步漏窗，尺度合宜。东园以理水见

长，方塘曲溪，状若蝌蚪，东首西尾，环绕宅邸；曲桥平梁，聚散开合，形成水系，由此也一并划分出园林的主次空间。池中锦鲤沉浮、水际绿叶掩映。又将住宅露台与传统的月台合而为一，池中置扁舟，颇具景意，立于台上，隔水与茗台相望，有江湖之趣。南北两侧利用边角隙地，巧设景墙洞窗，莳花置石，粉墙为纸，树石为绘。淡墨秋山为住宅南向对景，山形水势颇具岭南山水之意象。动静相生，如濠濮间。北部果园堆土为山，广植果树，点缀方亭，辅以草坪，环以曲径，质朴自然。全园空间奥如旷如，建筑繁简相宜，中西合璧。居所注重功能，小品妙在细节，灰塑、砖石雕各得其所、花木扶疏、相映成趣。

揽月阁位于园东南一隅，系在原有房屋的基础上改造、扩建而成，为一处改造建筑的成功之作，贵在妙造翻新。设计者因地制宜，不拘泥于传统法式则例，应势随形，尽场地之极，采用钢结构，空间畅朗。用足沿街的边角隙地，打造成以中国园林文化为主题的博览馆，使得颐真园成为了真正的"宜居、宜憩、宜聚、宜藏、宜学"之所。馆藏聚焦于岭南，园林建筑、古今字画、奇石文玩、家具陈设等等不一而足。举一己之力，聚园林文化，尽显园主博雅情怀。

吾闻棕榈园林三十余载，与桂昌先生相识近十年。吴桂昌作为园林行业的领军人物，热爱园林事业，更钟情于岭南园林、醉心于园林的创新，同时，他更是一位专注于公益、热心教育、具有社会责任感的实业家，步云赏月、游目骋怀，既是对传统园林文化的敬意，也是桂昌先生心境的写照。

成玉宁

于东南大学逸夫建筑馆

前言

欧洲在500多年前进入近代社会，基于文艺复兴运动、资本主义工业化，以及科技与军事的崛起，促进了城市发展和建筑设计，并发展了现代园林和园艺，建成了一大批宜居城市。而同一时期，我国仍处于古代农业社会，虽然晚清后因洋务运动，国人开始接触西方，也建造了不少优秀园林和著名建筑，但由于材料和技术的局限，也由于战乱和自然灾害的摧残，以及其他人为破坏，导致这些园林建筑多数被毁，甚至皇家园林也成残垣断壁，殊为惋惜！新中国成立后，经过数十年的努力，一穷二白的旧中国，已建设成为世界第二大经济体。幸存的园林遗产包括岭南园林四大名园，都经过了重建或两次以上维修，许多历史遗址得到保护，人民群众的遗产保护意识日益增强。

近30年，我国园林建筑的规划设计及工程施工，得到快速发展，专业水平逐步提高，花卉苗木与园建材料的质和量都得到提升，数以千万计的大学毕业生和农村劳动力有了就业机会，为我国城乡园林绿化做出了贡献，初步具备了与国际市场接轨的实力。当前，国家推进生态文明和新型城镇化建设，这也有赖于园林绿化事业在传承创新中发展。

棕榈股份创业以来，一直从事宜居环境建设；棕榈与广大同行，为全国各地的风景园林和生态环境保护事业、为中国人的诗意栖居作出了贡献。近年，棕榈又向生态城镇事业升级转型，经历着自我调整和变革，各种机遇、问题及困难交错并存，个人以及团队，要有强大的内心，才能承受各方的压力与影响；面对危机必须挑战自己、超越自己，同时要舍得付出，勇于长期奋斗，则困难是一定可以克服的。

颐真园的营造，从动工到整理成书，历时六年。这六年间经历了从棕榈上市主动转型，到应对经营环境压力，到国企合作并得到河南豫资支持使公司走出困境的几个转折点。"颐真园"作为个人投资项目，其营建期正处于上述的大环境中，它受到中国山水文化的影响，得到岭南传统园林建筑的滋养，并受世界建筑大师赖特、贝聿铭等作品的启发，更结合了笔者40多年从业经验。在两年多的营建过程中，在各参建方的支持配合下，较好地完成了项目，满足了主人的学习、研究、展陈及会友等功能。现将颐真园有关园林及建筑设计的实践整理成书，这对笔者本人也是进行总结和学习的机会。

在书名确定方面，曾征求孟兆祯院士的意见，孟先生建议用《生生不息，诗意栖居》，以取代原计划的《活化人居环境》。经再三斟酌，将书名定为《颐真园兴造》。孟先生认为，"生生不息"是我们中华民族的生态观。第一个"生"是生物，第二个"生"是生物的生命，"生生不息"就是生物的生命持续发展，永不停息。

笔者联想到德国诗人荷尔德林的诗《人，诗意地栖居》。荷尔德林以一个诗人的直觉与敏锐，呼唤人们寻找"回家之路"。诗意地栖居，亦即诗意地安居，源于对生活的理解与把握，尤其是内心的安详与和谐，对生活的憧憬与追求。哲学家海德格尔则进一步说，只有当诗意出现，安居才发生；栖居是生存状态，诗意是心灵的解放与自由，而诗意地栖居，就是寻找人的精神家园。在现实中，诗意地栖居，是人与自然和谐相处的生存状态。

西方的诗意栖居，与东方的山水文化，原属不同的文化本底，但共同点是回归自然、理想人居。颐真园引入中西智慧，将"生生不息、诗意栖居"贯穿其中，使之水乳交融，汇成一体，将园林场所的诗意和功能，与中国山水文化结合，通过具体的立意、设计，并运用恰当的材料和工程技术，环环相扣的匠心营造，同时结合书画艺术展陈，达到赏心悦目、怡情养性。

中国山水文化源远流长，凝聚着不同时代先辈们的哲学智慧和文人情怀，尤其反映在历代丹青里手的山水作品中，无不是"收入云山归画卷"，其缩龙成寸的山水景观，堪作造园的借鉴。本书借助于揽月阁收藏的李世绰《海山圣境册页》、李庆《青绿十二月山水》、吴湖帆《山水》及溥心畬《四景山水》，分别在各章节中加以引用阐述，对应园中不同景区，串联成可游可赏的春花秋月和诗情画意，可触可摸的景观肌理及艺术展现。人们走进咫尺园林，既可感受寄情山水、天人共荣的传统理念，更可收获艺术启蒙的精神魅力。

颐真园项目的实施及本书的写作，得到众多前辈和朋友的指导、支持和帮助，谨此致谢。因本人学识浅陋，书中纰漏和不足在所难免，望广大读者不吝赐教。

目 录

缘起

一、背　景

距今约 300 年前的西方，因蒸汽机等发明及专利制度引发的工业革命，促进了欧洲各国生产力的提高，促使了西方社会制度及社会环境的改变。1820 年后出现的混凝土应用，更加快了欧洲的城乡建设。在中国，晚清后沦为半封建半殖民地社会，在经济不景气、生产力低下的背景下，由于战争破坏和自然灾害的影响，也由于落后的建筑材料和技术，到新中国建立时，城乡面貌一片萧条，满目疮痍，残墙断垣随处可见，许多历史上著名的园林建筑也是千疮百孔，百废待兴。

经过近 70 年的努力，我国已从萧条落后的国家，发展成为世界第二大经济体，一个崭新而强大的新中国展现在世人面前。近 30 年来，随着城镇化水平的提高，风景园林学科的发展，我国的园林设计和施工水平都有了很大的提升；花卉苗木基地建设及园建材料的生产和供应，及专业技术人才培养，从量和质都得到极大提升。在此背景下，通过实践去探索传统园林建筑的传承和创新，尤其是发掘和继承中外建筑文明，实为一件很有意义的事情。

棕榈股份创业 30 多年，在各界的支持和同事的努力下，公司参与或承建了全国范围内的风景园林、生态环境等设计和施工项目近万宗。作为全国最早成立的民营园林企业，棕榈摸着石头过河积累经验，成立伊始就重视工程技术和艺术创意，重视新材料、新工艺、新品种的引进和应用。1995 年，承担了联合国人居奖考察项目——中山市东明花园园林综合工程；1997 年，再次承担了联合国人居考察项目——广州市翠湖山庄园林综合工程，这两个项目的成功实施，使棕榈在全国城市美好人居环境营造中占了先机。1999 年，承担了获室外园金奖（第一名）的 99'昆明世博会广东粤晖园绿化工程，企业同时荣获广东省政府先进集体称号；1999—2003 年，棕榈陆续进驻上海、宁波、北京、杭州、南京、成都等地拓展业务，在各地承担了大批人居环境或商业园林精品项目，成为国内知名园林品牌。2008 年，企业进行股份制改造，2010 年在深圳中小板上市，是全国第二家上市的园林企业。

2008 年 6 月，广东棕榈园林股份有限公司（棕榈股份前身）召开创立大会暨第一次股东大会

2002 年棕榈公司团队合照

到了 2011 年，棕榈股份承担了北京国家园林博物馆室内园余荫山房核心景区的仿建任务，一举赢得了施工大奖及设计奖，使传统岭南园林在华南以外地区得到传播。2014 年，公司营业收入达到 50 亿元，成为全国同行之最，同年启动了向生态城镇投资运营的升级转型。目前，相关生态城镇建设项目以及相关产业端的投资布局正在有条不紊地展开，棕榈在未来的再创业中，将发挥企业整合能力和技术优势，在新型城镇化建设和乡村振兴中再创辉煌。

1997年棕榈承建广州市翠湖山庄园林综合工程，本项目因成功营造，引起广泛关注

99'昆明世博会中的"粤晖园"，棕榈承建其绿化工程，笔者任项目经理（引自：俞铁阶. 世博园写真集. 昆明：云南美术出版社，1999. ）

二、起因和选址

　　在企业成立 30 周年前后，笔者以业余时间着手营建一处有特色的私家园林，以满足居住、休闲、交流和学习之用，也弥补 30 年来企业及个人尚未有机会自建一处较完整宅园的遗憾。数年前，在国家园林博物馆余荫山房仿建项目的设计施工中，笔者作为承建方的指挥长，在全体参建人员的共同努力下，项目建设达到上佳效果并获得盛誉，笔者也由此收获良多感悟。作为家中长子，笔者自小学毕业起常随父母劳作，亲身感受到父辈早年养育我辈的艰辛；后借盛世而事业发展，有必要提供父母颐养天年的良好环境。

　　宅园的选址颇费心机。在珠三角地区寻找宅园用地是不容易的事，在陆续否决了在广州花都、番禺及肇庆高要等地选址后，最终确定在家乡中山市小榄镇，对十多年前匆忙建成的 1000 多平方米宅园加以修建改造，提升为一座具新气象的园林。该地块分别距孙中山、梁启超、康有为等民主革命家故乡及广州市的车程均 70 分钟左右；且笔者父母近十多年来一直生活在其中。

　　小榄是中山的西北副中心，南宋时由南雄珠玑巷移民开村，是珠三角著名的桑基鱼塘产区，年均气温为 23℃，有树龄过数百年的榕树、木棉、白兰（有一株引入中国最早的白兰）等，为"中国菊花文化之乡"，是国家级重点镇、广东省中心镇（县级）、全国卫生镇、全国造林绿化百佳镇、中国花木之乡等。小榄传统文化深厚，书画、诗词、音乐、工艺美术等发展好，一大批"榄商"立足小榄，其产品和服务面向全球。作为榄商之一，笔者在当地有许多亲朋挚友。

三、功　能

当代人对于宅园有着不同于古代的功能需求，古时士大夫归隐田园、逃避尘世的生活也并非是我们的真实向往。我们已习惯于信息时代的快节奏生活。当然，我们与欧美人士的私生活习惯也不一样。

科技在进步，生活在变化，日新月异的技术，使我们对于宅园各种功能的需求，能通过工程手段得以达成。宅园的现代宜居功能可调和紧张的工作和生活节奏，以及提供多元的物质和精神享受。

首先，笔者需要具个人品位的生活空间，包括满足家庭团聚、日常生活和学习、户外游憩、庭院花木观赏及体育娱乐等功能，其次是要结合工作及与友人交流，并兼顾书画及工艺品的研究和展陈，故首先是考虑建筑形式。笔者赞同梁思成先生的观点："因为最近建筑工程的进步，在最清醒的建筑理论立场上看来，'宫殿式'的结构已不合于近代科学及艺术的理想。"笔者还希望在宅园中看得见水，望得到山，找得到乡愁。为此，确定了较时尚的新中式建筑风格。

同时，提炼宅园的五大功能，归纳为"宜居、宜憩、宜聚、宜藏、宜学"十个字。其中新建、改建的室内空间共约 500 平方米，有客厅、饭厅兼会议室、书画展陈室和琴棋书画厅等。宅园改造后室外园林面积约为 1000 多平方米。

西部果园

住宅平面位置及临水一角

东部花园·改造前泳池景观

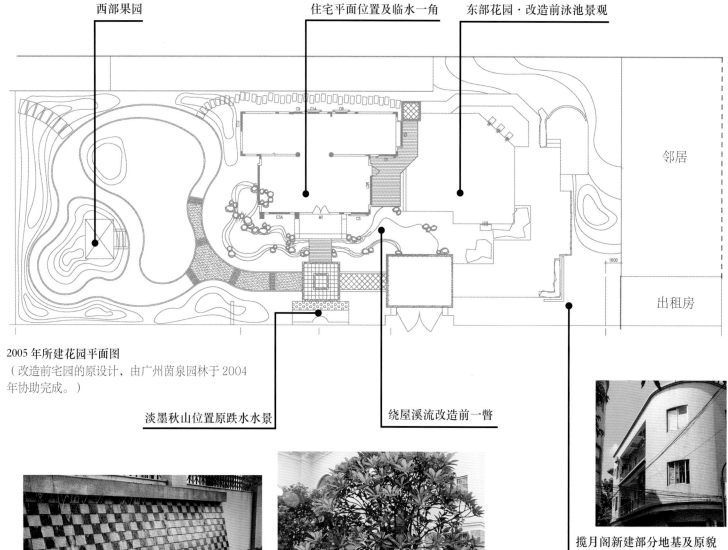

邻居

出租房

2005 年所建花园平面图
（改造前宅园的原设计，由广州茵泉园林于2004
年协助完成。）

淡墨秋山位置原跌水水景

绕屋溪流改造前一瞥

揽月阁新建部分地基及原貌

原宅园的园林及居所原貌，其优缺点分析如下。

优点：

· 位于小榄镇近郊，交通便利，邻里和谐，是笔者故乡。

· 土壤肥沃，水源充足，原来的规划设计基础较好。

· 地块东部原泳池，可改造为观赏与实用结合的锦鲤养殖池，其亚热带特征景观可予深化。

· 全园原有植物景观群落基础好，可顺势加以提升。

缺点：

· 面积较小，平坦而狭长，对营造园林的深远意境有一定限制。

· 住宅大门前原跌水景墙空间浅窄，改造难度大。

· 原有住宅的南加州建筑风格对新园林建筑的设计有所约束。

· 全园四邻为风格不一的较高大建筑，对本园构成挤逼感。

根据本地块的特点和功能设想，提出以下设计对策。

（1）利用本地块右侧绿地的一角，改作新建筑的地基，将其与待改造的旧建筑连接，形成展陈空间及园林主体建筑（注点①、②）。

（2）利用原泳池改造成锦鲤池，对周边植物基本保留并作景观及生态的升级，在池两侧构筑新的亲水观景平台（注点③）。

（3）拆除原跌水景墙，改造成具传统山水意境的长卷式切片假山景观（注点④）。

（4）全园配置景石，并新设龟屋及小水景，融入岭南园林小品与雕塑，升华园林意境。

（5）新设园记碑刻及完善环屋水系（注点⑤、⑥）。

（6）完善园林植物群落，组成活的景观风貌；利用乔木中下层配置灌丛，丰富层次，点缀湿生植物，在边角地补种冠幅较大乔木以完善隔景（注点⑦）。

北

⑦完善全园园林植物群落
（西部果园基本维持原貌）

住宅（步云居）未作改动

③东部花园泳池改为爱鳞池，丰富了景观特征

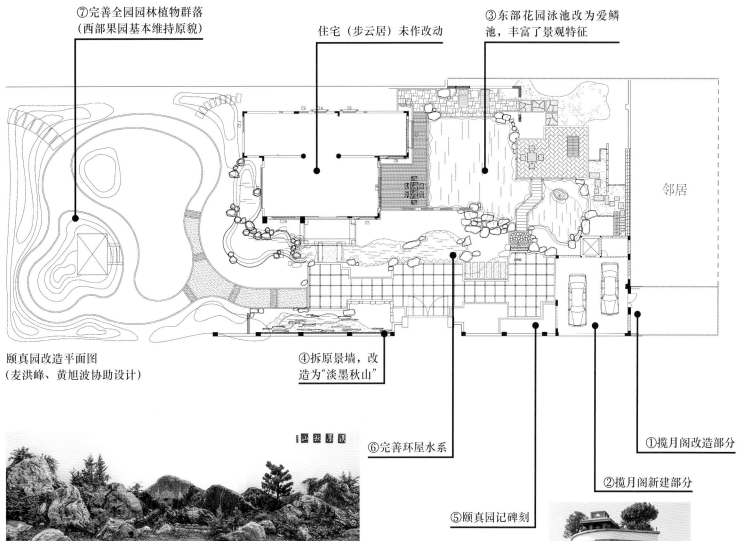

邻居

颐真园改造平面图
（麦洪峰、黄旭波协助设计）

④拆原景墙，改造为"淡墨秋山"

⑥完善环屋水系

①揽月阁改造部分

②揽月阁新建部分

⑤颐真园记碑刻

立意

　　立意，是表达造园者对庭院建造的基本意图和宗旨，由此可确定庭园精神、风格、空间布局、建筑材料、展陈特色等。立意是指导具体实施的原则，也在此基础上塑造园林项目的灵魂。

生生不息·诗意栖居。改造后从茗台外望"步云居"景观

一、顺意而为，传承中国山水人文精神

颐真园建造者（指笔者及参建此宅园的多位友人）都有多年的营建实践经验，但直到本项目建成后，才意识到所建的新中式园林（或岭南现代园林），其实是再现了中国山水人文精神；换句话说，就是在山水园林的理念支撑下，在岭南人文精神主导下，建成了一座现代中式园林。究其原因，建造者虽生活在当下并有时代文化烙印，但骨子里并未脱离传统文化。

中国人崇尚山水文化包括健康风水文化已有四五千年的历史。孔子说："仁者乐山，智者乐水"。受儒、道文化影响的中国山水文化，一直是古人崇尚理想、体现信念之寄托。借景抒情、融景于情是文人常用的手法；山水，是文人情怀的摇篮和土壤。寄情山水，隐逸江湖，是古代文人的一种"出世"生活方式，依山傍水是文人修养、感悟和体验生命的绝佳场所。山水在远古是人类游猎渔牧，索取生活物质的来源地；秦汉时期，山水之地成为民间学术中心及生活主流，佛教在汉朝传入后，山水成为佛教修禅的佳境；到了魏晋年间，因社会动荡，不少儒学文人雅士醉心于山水，作为对前途无奈的寄托和情感的转移。山水，

不但影响了文学和绘画创作，也对后世山水园林的营造产生了深远的影响。历史上著名的园林，莫不以寄情山水、天人合一为营造理念，著名案例有郭熙的画论《林泉高致》，以及宋徽宗时期营造的艮岳等。此外，"俗则屏之，嘉则收之"这一园林营造法则，其实就是健康风水理念，颐真园项目巧妙地将其融入到营造中，成为园中山水文化的组成部分。

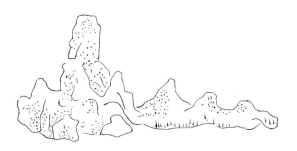

920×1715mm

容祖椿　《访菊图》

题识：访菊图

　　戊寅九秋　耀东先生指正，容祖椿时客香江

钤印：祖椿画印（白）、容祖椿书画记（朱）

　　我们从揽月阁馆藏岭南画家容祖椿所作《访菊图》，来看看晋朝人士陶渊明"采菊东篱下，悠然见南山"的山水情结：画面上一棵老松横伸，山下平湖如镜，远处云水天际；一扶杖老叟携童子于山中寻觅采摘山石边的野菊花。一个"访"字以拟人化的画题，将菊花视作挚友，体现了画家以菊自喻并表达其高洁的情怀。在人物环境渲染、气氛烘托及气韵质感上，画作描绘了文人归隐山水的内心世界。从《访菊图》中，仿佛可领略到陶渊明的"羁鸟念归林，池鱼思故渊"以及"种豆南山下，草盛豆苗稀"自在而清苦的隐居情境。

　　如前文所述，颐真园受地块条件所限，只能在较小的地块上尽力营造较深远的意境。这也与笔者所在企业之经历类似：近20年来，在各类园林的营建中，我们（建造者）往往根据业主规定的地块，在极短的时间内，在有限的预算中去发挥，其间还要受限于投资者及使用者的各项要求，故要建成一座得当的精品园林并非易事。计成在《园冶》中写道："惟山林最胜，有高有凹，有曲有深，有峻而悬，有平而坦，自成天然之趣，不烦人事之工"，而园林"巧于因借，精在体宜""园基不拘方向，地势自有高低，涉门成趣，得景随形……选胜落村，藉参差之深树……新筑易于开基……旧园妙于翻造……卜筑贵从水面，立基先究源头……架桥通隔水，别馆堪图；聚石叠围墙，居山可拟。多年树木……让一步可以立根……相地合宜，构园得体。"上述观点即告诫借鉴中国山水文化，建造者就要充分运用既有条件和权限去营造；要建设一处体现山水人文精神的园林，建造者就要有充分发挥的空间，业主要将相关的限制减少到最低限度，也就是要适当放权。在本园营造中，笔者潜意识中把握着对于中国山水人文精神的传承和创新，在"园冶"营造思想滋润下放开手脚，才得以营造出独具韵味的岭南现代园林。

园中的岭南文化元素

下面试以揽月阁收藏的几幅山水画及古籍探讨中国山水人文精神，从中体味园林创意的确立。

李世倬《海山圣境册页》

据画面及题识"臣李世倬恭绘"判断，《海山圣境册页》是官至副都御史及太常的翰林画家李世倬工致严谨的早年力作。历代君王渴望长生不老，并希望与神仙交往。人们相信虚幻的仙人就居住在西方仙山或东海神岛上，东海神岛都由神龟驮着，岛上有着结满珍珠宝石的树丛，还有怪石和花园，有金、银和玉石砌筑的殿堂，君王希望神仙会骑着仙鹤下凡，并赐给他们长寿的仙丹。李世倬生活在清朝盛世，彼时社会经济繁荣，也是帝王十分重视皇家园林建设的时候，许多宫廷画家及文人都参与了皇家园林的设计建造，如郎世宁就参与设计了圆明园西洋楼。作为皇帝喜欢的画家，李世倬创作的"海山圣境"，可当成是今天园林设计的概念图，它所表现的意境对当年圆明园园林设计的参考作用是不言而喻的。北京故宫、台北故宫等博物馆均藏有李世倬的画；其作品入《石渠宝笈》并有乾隆题款。而他的《长松高士图》，还在数百年后得到张大千、溥心畬的极高评价，两人分别在作品左右题写边跋，足见其艺术影响之深远。

《海山圣境册页》的时代背景，满洲贵族入关前信奉藏传佛教，入关后重视利用儒学治国，同时对道教也予以保护利用。作为洞悉君王心愿的画家，以佛教、仙境、山水等为创作主要题材，这是极为自然的。

"海山圣境"由八幅册页组成，用笔工细精致，构图饱满，名山大川，设色明丽，造境出奇，所绘瀛海苍松，云鹤邃谷，皆有出处。既是文人托返之所，亦是道家虚幻之境，抚琴访友，深山闲居，似虚似实，可游可居，实为进呈御览的精心之作。

笔者对每幅画逐一作了考证，认为其所绘仙山分别为昆仑山、五台山、普陀山、恒山、华山、黄山、三神岛（蓬莱、方丈、瀛洲）、终南山。

上：昆仑山，为中国第一神山，又名万祖之山、玉山，是中国道教神话中的仙境
下：五台山，中国佛教四大名山之首，世界五大佛教圣地之一

300×370mm×8 幅

鉴藏印：刘稷勋旧藏、介峤、可游可居臻化境，亦幻亦真契圣心

上左：普陀山，中国佛教四大名山之一，观世音菩萨教化众生的道场，誉为南海圣境；
上右：恒山，古称玄武山，是五岳中的北岳，著名的悬空寺即在此；
下左：华山，五岳之一，中华文明发祥地，道教全真派圣地，民间崇奉的西岳华山君神所在地；
下右：黄山，天下第一奇山。山上有著名的莲花峰、光明顶、天都峰及迎客松等

蓬莱、方丈、瀛洲三座东海神岛，传说岛上有神仙居住

　　"海山圣境"所绘，是亦幻亦真的仙境，是超凡的圣地，更是出神入化的自然美境。笔者借助卫星图、航拍图等，在穷款的画作中逐一考证出对应的名山和名岛，从中领略中国山水的形神兼备，更惊叹画家的高深艺术造诣。当然，绘画不同

终南山，又名太乙山、太白山等，简称南山，誉为福地，为道教全真派的发祥地

于照片，与实景肯定会有差别，可待进一步研究。总之，"海山圣境"画作，其宗法传统，笔墨精致妍丽，造景奇绝，表现的是人们远避世俗，享受大自然与人文山水熏陶的极妙去处，更对后人营造人文园林有所启迪，对现代造园是很好的借鉴。

《筑山庭造传》

笔者收藏了源自日本的造园古籍《筑山庭造传》，现该书已由笔者组织翻译，并参与了审校工作，中文版即将付梓发行。该书中多次写到汉唐山水文化对日本造园的影响，例如"筑山……模仿庐山等有代表性的名山；水景……仿照杭州西湖的形态。"还引用中国南朝鲍照的"筑山拟蓬壶，穿池类滇渤"名句；中国神话中的蓬莱岛、方丈岛和瀛洲岛等三座神岛，也被视为日本筑山庭营造的素材。另外，该书还将部分营造法式拟成真（楷）、行、草等书法形态，也就是说，筑山庭绘制成图的部分营造法式，来源于三种汉字书写形态，而汉字也是早年从中国传入日本的。

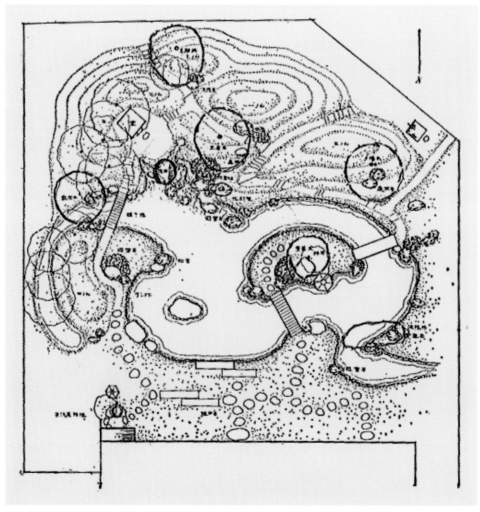

筑山庭营造法式采用真（楷）书形态的庭园平面构思图（即方案图，重森氏绘），表现江户初期风景区（地形参见 40 页右图）

飛泉穿碧樹
山色滿琴心

"筑山庭"表现的人文意境

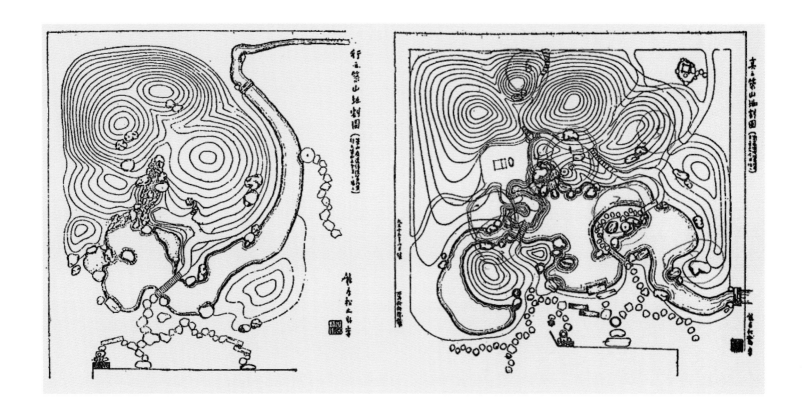

　　这些真（楷）、行、草书形态的图纸，系采用反转透视图法表现的平面图，很不容易绘制。此处的两幅图纸，由龙居松之助氏构思方案（其中缺少草图形态的筑山）；与前一页重森氏的方案图比较，手法上存在一定差别。从这些图的表现内容基本可以判断是以平面图作为基础进行绘制的。透过这里列举的图纸，可知成书于18世纪的《筑山庭造传》，虽比中国的《园冶》晚了约100年，但较之《园冶》的"有法无式"，即本书列举的图纸设计来看，要进步得多。

上左：行书形态筑山庭平面图（效果图参考右下）
上右：真（楷）书形态筑山庭平面图
右上：草书形态筑山庭效果图
右下：行书形态筑山庭效果图

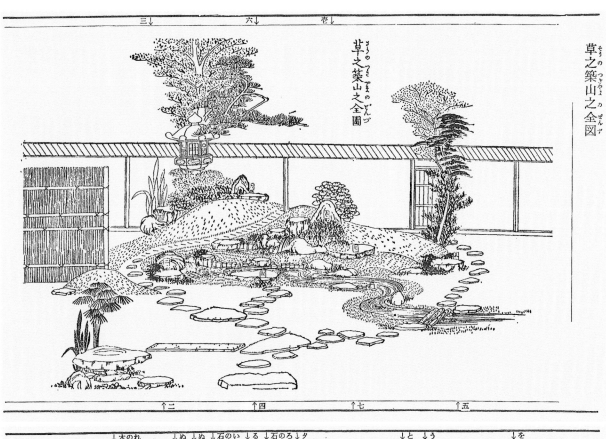

草之築山之全図

行之築山之全図

李庆《青绿十二月山水》

　　揽月阁此藏品原名《青绿四时山水》，现名为笔者考证后重拟。

　　画家对十二个月不同的山水园林景色了然于心。他将大自然每月显著变化的景色，以自己心目中的感受浓缩并描画出来，每张画配以独特诗文，最后一张落款，将画作作为送给心斋五兄的礼物。画家在此画册中倾注了丰富的感情和心力：每一幅画从山、水、云、石、树、屋、人的特征和布局，到每月的阴晴雨雪气候特点，无不表现得淋漓尽致，其工意兼备的用笔，将空灵的园林意境和对美好山水的神仰刻画得入木三分。前文李世倬的山水图表现的是圣山，而李庆刻画的则是人间山水。

李庆　《青绿十二月山水》

题识（月份为笔者加，右图由左至右、由上至下分别为正月至十二月）：

（正月）梅花树屋白云堆，屋外新添几树梅。夜伴孤吟叫清绝，月明恐有
　　　　鹤归来　李庆

（二月）春江花月夜　李庆

（三月）夜听溪上雨，晓看溪上山。雨歇山更佳，尚在空濛间　李庆

（四月）柳带轻烟澹澹，花含宿雨深深。鱼乐新添晓涨，鸟啼越觉天阴
　　　　李庆

（五月）五月江深草阁寒　李庆

（六月）画馆夏初度，青林暑气中。开轩对流水，坐石待熏风。花落葛巾侧，
　　　　鸟鸣山几空。经钼者谁子？散发奏丝桐　李庆

（七月）万竿烟雨　李庆

（八月）崖断石林合，风高云叶飘。人归雨脚外，高阁望中遥。应是天台路，
　　　　幽期在石桥　李庆

（九月）一路山光瘦碧螺，画中诗客意如何。寒驴行缓休鞭策，我爱秋林
　　　　叶多红　李庆

（十月）溪上望前峰，巉巉千仞玉。浑舍喜翁归，地炉煨芋熟　李庆

（十一月）雪压江邨阵作寒，茅斋俱是玉花攒。急须沽酒浇清冻，亦有疎
　　　　　梅唤客看　李庆

（十二月）踏雪何人遇长板，万玉峰高涧声远。山中随处可登临，麦好何
　　　　　忧岁华晚。僧舍茶烟青出林，云垂四野天沉沉。凭谁坐我水亭上，
　　　　　呵冻先成喜雪吟　乙巳冬月，心斋五兄大人正之　得余弟李庆

钤印：臣庆（朱）、得余（朱）、得（朱）、余（朱）、李氏（朱）

　　李庆（？—1853），字得余，江都（今江苏扬州）人。李志熊侄孙，为人朴质重然诺。工细笔青绿山水、界画楼阁，师赵大年，兼仿袁文涛、王竹里。即一扇一条，有至十日乃成者。尝于扇上画万竿烟雨，双钩竹本，单笔竹叶，层层细写，竟不止万计。

265×130mm×12 幅

《青绿十二月山水》之一月和五月

黎柱成《太行苍韵》

题识：岁次癸巳秋月，鼓山雨梦轩主
　　人黎柱成，写于榄溪芷海之滨

　　此画是画家应邀为棕榈北京公
司原接待中心所创作，采用了苍莽
浑厚的山水画笔墨皴擦的手法。以
真山真水为原型，是画家涉足云山
大岭写生后创作的成果。雄伟壮观、
危崖耸立的太行山脉，历来被视为
兵家必争之地，也是著名的抗战老
区，其连绵绝岭，奇峰耸立，云气
浮荡，林木葱茏，溪水潺潺，生机
蓬勃。画家以饱满的构图，爽健的
笔触，苍辣的皴擦，浓烈的墨韵，
沉郁的色调，在视觉上形成了远近、
高下、疏密、轻重、动静的对比审美，
彰显了其山水画创作气势磅礴的别
样风格。

　　黎柱成，号栋石、雨梦轩主人，
1958 年出生于广东中山。中国美术家
协会会员、广东省美术家协会艺委会
委员、中山市美术家协会主席。

　　从上述几幅中国山水画例子，我
们可以感受到，山水人文精神的滋养，
早已影响着东方包括中国及日本的造
园，也自然而然地成为颐真园的精神
理念。颐真园建造的立意及其营造过
程，即是对前人智慧的借鉴，并在继
承中创新，这极大地丰富了颐真园山
水人文创意和艺术效果。

1220×2440mm

二、因借、几何、兼容、精巧的岭南园林风格

岭南园林地处华南亚热带气候，建园手法和形式丰富，风格独特，善于传承本土文化，还广纳世界各地不同文化及建筑资材，工艺精湛典雅。笔者在前人智慧，尤其是在前人对岭南名园总结的基础上，将岭南园林文化特征概括为"因借、几何、兼容、精巧"四个关键词。

首先是因借。明代计成在《园冶》对"因借"作了精辟的阐释：因者，随基势高下，体形之端正，碍木删桠，泉流石注，互相借资；宜亭斯亭，宜榭斯榭，不妨偏径，顿置婉转，斯谓"精而合宜"者也。借者：园虽别内外，得景则无拘远近，晴峦耸秀，绀宇凌空，极目所至，俗则屏之，嘉则收之，不分町畽，尽为烟景，斯所谓"巧而得体"者也。"因借体宜"由计成总结归纳提出，为历代造园者所采用。岭南园林地处华南，在营造理念上，往往重视地形和环境，使园林与周围环境融为一体，这和计成对因借的总结如出一辙，也是岭南名家陆琦老师对岭南园林的一大概括，笔者深表赞同。

其次是设计布局上善用几何图形，但又有别于西方几何园林。虽然岭南园林重视自然山水的布局，但由于往往其体量不大，大都依托建筑而设计。颐真园设计者以务实的态度，在受建筑影响的空间布局中，将几何图案信手拈来，设计独特的水池、凉亭及花台等，形成独特而呼应建筑的几何园林元素。

三是兼容。岭南远离政治文化中心，其园林长期受到海洋文化和商业文化的影响，尤其是清中期后更受十三行等广州对外交流的影响，海外众多建筑材料也首先进入岭南，使岭南园林的建造得以兼收并蓄，容纳不同的建筑材料及西方文化元素。从经济的角度，对材料也以就近、方便为首选。如明代方孝孺所述"所贵乎君子者，以能兼容并蓄，使才智者有以自见，而愚不肖者有以自全"。务实兼容是岭南文化的主体，是岭南社会经济发展的动力，这使岭南文化及岭南园林在中国文化中占有一席之地。

四是精巧。精巧表达技术及器物营造的精细巧妙。南朝刘勰"是以言对为美，贵在精巧；事对所先，务在允当"对此作出精辟的解释。相对于江南地区，岭南人偏居一隅，岭南工匠常在尺度较小的空间下功夫，擅长于小中见大，化腐朽为神奇，久而久之，形成了精巧明丽的岭南工艺特色。

颐真园中独特而呼应建筑的几何园林元素

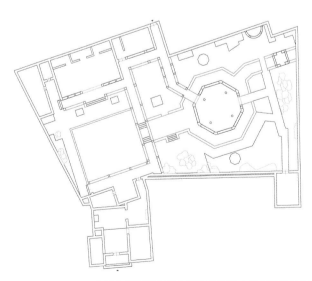

余荫山房深柳堂前的荷池及玲珑小榭呈现的几何图案

余荫山房廊桥周围景观

余荫山房深柳堂外景

东莞可园之可堂附近水池呈现的几何图案

余荫山房深柳堂室内景观

　　"因借、几何、兼容、精巧"四个关键词，既概括了岭南园林的历史成就，也反映了岭南园林长盛不衰的善于吸纳外来文化的特质。本项目虽然完工，按高标准的要求尚有距离。

　　岭南文脉积淀及西学东渐，形成了独特的地域人文特征。民主革命家在近代的实践，以及开放改革等均发端于岭南。借颐真园的营造，笔者希望再现根植于中华传统的岭南文明及灿烂的岭南商业文化底蕴，同时融汇外来文化，创造性地应用现代材料和工艺，探索并建造具有传统文化韵味的新中式园林。

"气正道大"，是笔者多年悬挂于办公室的书法作品，由广州美院李正天教授所写。李正天在"文革"后期曾因以"李一哲"笔名发表《关于社会主义民主与法制》而入狱，后被时任省委第一书记习仲勋释放

660×1200mm

笔者崇尚务实精神及"气正道大",追求颐真园"大气"的建筑格调并展现现代烙印，表现独特而不张扬的个性特色，具有时代感，含蓄大方，意境高雅，园林空间视野开阔，具视觉冲击力而不扎眼，并在未来一段时间中不落伍，以彰显岭南现代精神，创造当代健康人居环境。故特将以上"因借"等四个关键词作为颐真园的文化定位。

颐真园在设计中，不但努力追求上述文化理念及技术拓展的进取精神，满足使用者对空间和场所的需求，更是在布局、工艺及建材应用上，尽可能集中外多元文化之长。同时在细部设计上尽量再现地域特征，"留得住乡愁"。通过科学的营造，兼顾各项功能需求又不显杂乱，融汇岭南地域文化的"精气神"，成为颐养康健气韵和正能量的理想境域。

颐真园主景

近两百年来，岭南文化与其他中外文化经历了无数的碰撞与交融，其中不乏对精湛的外来工艺技术的吸收与借鉴，形成独特的岭南人文精神。岭南人首先接受了西方文化，兼容并蓄的过程中也催生了具岭南特色的精品园林。清乾隆时期的画家黎简，就曾为广州大户人家建造园林和堆叠假山，他既是活跃在岭南的卓越造园家，又是最早将岭南花木描绘在画中的文人。晚清岭南四大名园及海山仙馆的主人，以及在粤的许多官员、文人和商贾等，介入岭南特色宅园的建造。

十八世纪之后，广州逐渐成为中国对外贸易的唯一口岸，岭南文化在继承传统的同时，开始接受外来文化的影响。海山仙馆主人潘仕成，不但在造园中追求中西合璧，而且在建园的同时大量翻译并出版来自西方的科学和文化书籍。而催生了岭南书画"折衷中西"风格的高剑父，还是跟随孙中山参与民主革命的先锋。高剑父的老师，晚清时期居住可园及建设十香园的居廉、居巢，还有明末清晖园主人黄士俊、清中期梁园十二石斋主人梁九图等，都是著名的岭南画家，他们都曾营建并长期在岭南名园中居住

2014 年拍摄的紫藤花架前外望景观（当时未造荷舟）

和创作。二十世纪中叶，一批岭南先行者创办现代教育机构、推广新式学堂，培育了一大批思想进步、锐意创新的社会精英；洋务运动、戊戌变法及辛亥革命无不与岭南有关，岭南画派创始人高剑父、高奇峰、陈树人等，将革命精神、时代精神以及西方绘画中注重光影、写实的技法，都融汇进自己的作品中，也影响着岭南园林的发展。可以这样说，是不同时代岭南园林的园主、造园家及访客，共同将时代精神与西方外来文化结合到新型的岭南人居环境中，尤其是将中国山水画意蕴、"敢为天下先"的岭南人

文精神、岭南画派文化风格、地方特色建材及乡土植物等浓缩到岭南园林中，人文精神、书画和造园三者相互借鉴，相互促进。在岭南四大名园中，随处可见岭南书画对岭南园林的影响，其家具、置石以及植物景观等，都能或多或少地反映出时代和文化特征。而岭南园林的特色，也时常在岭南画派作品中得以展现，为岭南文化注入了勃勃生机。

阿罗姆笔下描绘的广州商人园林府第（引自《石湾古盘遗珍》，胡照晖著）

岭南园林还有以下特点：

小巧雅致。除少数名园如"海山仙馆"较宽敞外，大多数岭南园林的面积都较狭小，但这并不影响深远意境的营造，反而促成了岭南园林的"雅"与"巧"等品位的升华。

善用园林景石，以营造山水园林。在广州教育路五代南汉时期所建的"九曜园"，其景石有米芾题字"药洲"，是岭南园林用石的绝佳范例。

具有独特地域文化韵味。岭南园林妙用中国文化意境和四时特色花木，再现并发扬独特地域文化，使岭南园林的景观效果更精巧明丽，令人神往。

历史上优秀的北方园林、江南园林和岭南园林，一直作为中华灿烂文化的一部分，中华儿女有责任去传承并发扬光大。但由于时代变化，以及生活习惯、文化背景的变迁，传统园林及传统建筑存在实用性不足的缺点，幸存的岭南传统园林虽经过多次维修，也只能一定限度地向游客开放；正因为如此，新中国成立后，岭南传统园林建筑的新建项目寥寥无几，甚至部分幸存的古建筑也被违心拆除。

近三十年来，随着新材料、新工艺的应用，新中式建筑比传统建筑获得了更多的认同；这一时期也是将新材料、新工艺与传统营造相融合、以营造具传统元素的当代岭南园林的黄金时期。发扬传统、开拓创新，成为当今建设者的历史责任。

九曜园一隅（药洲遗址）

颐真园茗台及花园中部

由于新技术的发展和普及，及改革开放带来的多元文化融汇，加上园主的不同个性追求，促使岭南园林的营建分外注重风格的表达和意境的营造。因而颐真园在方案构思、竖向设计、材料选择以及各施工细部等环节，莫不反复论证，一丝不苟。例如，为营造"淡墨秋山"的山水意境，其石材和构景在不断比选中确定。

曾几何时，在中国大地上各种建筑风格杂糅堆砌，犹如万国建筑博览馆，我们的城市风貌变得如此突兀，这令笔者尤感彷徨。

颐真园坚持原创，注重岭南文化传承，勇于创新，虚心学习，广采他长，避免任性而为。

"淡墨秋山"以独特的海岛石材"澎湖青石"营造

三、巧设空间，聚集多重功能

前文论述颐真园营造追求岭南风格的体现，谓"因借、几何、兼容、精巧"，这是整体风格的把握。整体风格要通过分区的实施来体现。建筑与环境是相互关联的，局部服从整体，整体由不可分割的局部有机构成，各局部间具可塑性和连续性，它们之间的关系正如生物体的肌肉与骨骼，息息相关，不可分割。

总体设计。为求空间设计独具一格，建造者借助独特的设计手法和高大植物，对外部较杂乱的民居环境加以屏蔽阻隔，在营造三处主要景区与局部空间时，通过门、窗及通道将嘉景收纳于视野中，同时把园林景色引向其他各处，使视野与空间向外延展，结合门窗、通道的功能，各具特色的不同局部有机连接，创造出令人愉悦的整体环境。家具及其他设施，以及雕塑、绘画等装饰，都围绕建筑的不同空间及功能而配置。空间布置尤其重视在各个局部中刻入不同的文化元素，好比一组乐曲，将不同的乐章组织起来，有节奏变化，甚至出现强烈对比，但整体格调是和谐流畅的。

视野设计。良好的视野会带给人以安定和愉悦的感受。园林营造从整体到区域都应努力构建良好的视野。远古人类没有建筑，人们以山林和洞穴为避难所。避难所与视野要求似乎是对立的，避难所往往小而暗，而视野的要求则是宽广深远，因而这两者在大自然中难以在同一个空间并存。在颐真园的营造中，我们既营建可抗击自然灾难的坚固"避难所"，同时拥有良好的视野，从而引发愉悦感受；并通过园林空间中的步移景异，使园林景观的价值得到提升。

颐真园为营造良好的景观和开阔的视野，将设计焦点放在核心景区，并在局部景观及对景、借景的营造中，以透景线的收合和互动，使美好的景观真正纳入不同方位的视野，而将不雅或不协调的户外景物加以屏蔽，避免其干扰户内景观秩序，进而形成颐真园独特的园林意境。

步云居落地窗构建移动的框景，室内外空间通过渗透过渡形成一体，同时步移景异，意趣盎然

植物群植既构建主体景观，也起到对外遮掩围蔽的效果

颐真园的傍晚时光

功能设计。颐真园主人从事园林建造多年，有着长期的经验积累，更对庭园功能有特定要求，建造中我们将经验特长和功能诉求融汇一堂，做到繁而不乱，兼而有序。由于宅园的功能归纳为"宜居、宜憩、宜聚、宜藏、宜学"，为此，在不算宽阔的空间中，建造者将各项功能进行了分析，并将功能的构成作了去粗取精、去伪存真的取舍，再运用相应设计手法，使相关功能在不同空间中得到落实。在各个局部中，分别穿插了岭南传统、新中式、南加州、现代几何等不同风格元素，这些有差异的文化元素在岭南文化的统筹下，被设计得惟妙惟肖，同时与整体风格相协调。颐真园的园林面积较小，建造者必须运用兼容手段，因此，小中见大和多元整合就成了设计的主线。这里有两层意思，其一，在较小的空间汇聚较丰富的小品和功能。这往往通过"有生于无"的手段，利用景墙、围墙、屋顶、门窗、柱等元素，巧妙地将岭南小品及相关工艺美术作品等安排收纳进去，发挥小中见大的展陈效果。其二，是在较小的空间中营造良好的视野和艺术效果。通过巧妙的手法，以疏可走马、密不透风的设计，使景观的每个角度都能结合整体意境及观赏感受，最终形成小中见大、凡中显奇的艺术空间。

环境设计。利用设计造就环境；园林和建筑的融合造就了有生命的环境。如果把建筑看作一个生命体，它一样也有"生老病死"的过程。我们不但要尽量延长建筑的寿命，而且要减少因建筑"老、病"而产生的维修费用。颐真园四周有邻居，如何使本园在满足使用功能时，减少受到邻近环境的不良影响，并保持与街区风貌、邻居环境的自然联接及和谐过渡，后文内容将有具体讨论。我们常说要留住乡愁，而老的建筑体现的正是乡愁。我们都会老去，生命中不断会有新的发现和经历，我们与建筑物的关系会随着时间推移而改变，但建筑要保留我们的记忆和梦想。

颐真园尽量使建筑保持可持续、健康、环保和多样性等特质。为使园林具有生命律动，设计尽可能贴近自然，与天然景观浑然一体，仿佛新的构筑物本来就在那儿，而不是突然冒出来，给人以亲近的感觉。园林是环境的有机组成，应扎根本土，与周遭环境融为一体，它是艺术化的、有生命的、体现当代智慧的。

理想的设计要适应未来的变化。贝聿铭指出，在文化建筑里，园林和房屋是不可分割的一体。庭园和建筑本身并没有明显的界限，是融为一体的。庭园的尺度不能太大，要按照科学和人性化比例设计；建筑能否由后人沿用下去，要看建筑的设计及其自身功能，能否满足或适应后人变化着的需求。如果建筑和园林能适应未来变化，那么这个世界将会更精彩，因为我们得以从保留的老建筑中感知过去，也会在不断创新中继承传统。当然，单座建筑本身的老化是客观、不可避免的，文化也要随着时代发展而有所变化，人与建筑的关系必须适时做出调整。

揽月阁中庭景观

吴待秋先生与夫人沈漱石在苏州名园"残粒园"合影

　　吴徵（字待秋）的《罗汉图》，描绘的是一位罗汉禅师在看似狭窄，青松蔽日、群峰耸立的高远景致中修禅。画面中的石山、松树透着一股深深的园林气息，以小中见大的手法将观者的视野及想象力，从画中引导到画外。

　　经由孟兆祯院士推介，笔者拜访过现仍属吴待秋后人所有的苏州残粒园。《罗汉图》画作内容与画家自己拥有的"残粒园"景观如出一辙，都是在十分紧凑的空间中，营造出其不意的高远境界，疑此画实为残粒园的写生画。残粒园作为苏州园林中世界文化遗产的组成之一，其占地面积仅为140多平方米，足见其"室雅无须大"、曲径通幽的艺术境界，以及精妙的人文神韵。虽时间磨去了它的亮丽，但园主充分利用有限空间、营造无限山水意境的功力历历在目。

吴徵　《罗汉图》

题识：活中有眼还同死，药忌何须验作家。古佛尚言曾未到，
　　　　不知谁解撒泥沙。右录雪窦显颂。蕙孙仁兄大雅正之，
　　　　吴徵

钤印：待秋（朱）

　　吴徵（1878—1949），别号抱鋗居士，吴伯滔之次子。浙
江崇德人，残粒园主人。擅山水、花卉画作。与吴湖帆、吴子深、
冯超然合称"三吴一冯"；与吴子深、吴湖帆、吴观岱称为"江
南四吴"；又与赵叔孺、吴湖帆、冯超然同誉为"海上四大家"。

338×935mm

四、选材考究，务使结构坚固耐用

　　岭南园林一向以工艺精湛的工匠精神著称于世。广州周边的历史名园，以番禺余荫山房及东莞可园保存最为完好。据莫伯治1965年前调查，当时留存的广东岭南庭园四大名园，虽历经长期战争及风雨摧折，仍被评价为"较完整"甚至更高评价。

　　传统岭南园林建筑采用土木材料，受材料和技术限制，往往易燃易碎易霉坏，后人因而背上沉重的重建和维修包袱，故到新中国成立时，保存完好的岭南园林屈指可数。另外，由于营造和维修费用较高，以及时代变化导致生活习惯、文化背景的差异，当代人对于传统园林建筑往往敬而远之，深感其实用性设计和材料使用跟不上现代生活。少数幸存的岭南园林范例，有限度地向游客开放参观，只能发挥有限的作用。许多古村落中挂保护牌的残破古建，由于难以维修沦为"负资产"。历史久远的九曜园仅余水石残迹，清代名园海山仙馆的浩瀚建筑早已不存。广州余荫山房历经多次重修，有幸被国家园林博物馆选中，由笔者所在公司仿建其核心庭园"深柳堂"于北京。然而，在2015年秋，随着罕见龙卷风的吹袭，余荫山房原址的古建筑局部遭到重大损坏，后由政府拨款维修，一年后才恢复开放。

余荫山房六十年代初风貌（引自《岭南庭园》，夏世昌 莫伯治著，曾昭奋整理）

国家园林博物馆室内园余荫山房仿建项目"深柳堂"外观

2015年秋，余荫山房风灾中受损的植物和建筑

在杭州，为乾隆南下巡游而建的西湖别宫多处宏大建筑，如今已只剩下残存房基。1900年北京紫禁城失火，连当时攻入北京的八国联军也一筹莫展。土木材料易燃及北京干燥缺水，故宫多次严重火灾均造成重大损失。2008年的汶川地震，土木材料建造的传统民居遭受了巨大破坏，其中大量老旧房屋倒塌，许多居民被压在瓦砾之下。土木建筑在火灾、战乱状况下，往往首当其冲变成废墟。材料和技术的落后，也反映了旧中国贫穷衰败的经济和科技状况，在漫长的历史进程中，许多中国人只能长期生活在上无片瓦的简陋茅棚中。

杭州西湖别宫遗存房基

土木建筑着火后往往令人束手无策 [引自《遗失在西方的中国史》（法国《小日报》记录的晚清1891—1911），1900年故宫大火，八国联军救火情景]

沉重的历史包袱和不断出现的自然灾害，呼唤着建筑材料和工艺的革新。直到近40年，我们才在经济社会发展中，同时推动建筑材料和工艺的变革，利用坚固的材料才能延长建筑的使用寿命，才可营造真正的避难所，提供类似洞穴对动物的庇护，保护脆弱而敏感的人类免受自然灾害和其他侵犯。从文化传承的角度看，精心设计的坚固建筑，对保护文化遗产也有重要意义。反之，如果是一处不够坚固或处于不稳定环境的建筑，本身都难以经久不衰，又怎能保护那些具有历史价值的书画文物呢？

随着工业文明和科技进步，采用石材、混凝土等现代建材，营造坚固家园已成现实。人类完全可以驾驭现代建筑的建造技术，充分发挥材料的天性和长处，并善用地方材料，使建筑与科学、艺术及低碳环保结合。同时，人们也可以提出更高的期望，在实现建筑功能时赋予其舒适、安全、便利及提升文化品位等要求，使坚固的建筑帮助我们实现安居理想。落成于1888年的广州石室圣心大教堂，就以石材为主建造，如今仍散发着独特的魅力，这充分说明了建筑材料的意义。

广州石室圣心大教堂外观和室内

近年来，我国建筑中的新材料、新工艺已得到普遍应用。新型建筑材料相对于传统建筑材料，其性价比明显提升。如何提高新材料新工艺与传统营造的契合度，营造具传统元素的现代园林建筑，是当代建设者的历史责任。

诸多幸存的世界遗产及重要建筑物，往往采用天然石材建造。石材包括大理石、花岗石等，都具有很高的抗压强度，良好的耐磨性、耐久性和耐热性，其中，花岗岩在受热至600℃强度才受到影响，其莫氏硬度为7，属于高硬度石材；大理石的化学分解临界温度更达到910℃，莫氏硬度为5左右。坚硬的天然石材，经加工后表面美观且富于装饰性，西方国家两百年前建造的众多大型石材建筑，到目前仍完好如新，如前文介绍的广州石室圣心大教堂。

钢筋混凝土在现代建筑中已得到广泛应用，世界第一座大型钢筋混凝土结构的建筑于1872年在美国纽约落成。1888年吴大澂在黄河治理中应用进口的时称洋泥的混凝土。钢筋混凝土是指在水泥、砂子、石子混凝土中加入钢筋，在构筑中由钢筋承担拉应力，混凝土承担压应力。钢筋与混凝土有着近似相同的膨胀系数，不会因环境改变产生变形、错位等，同时两者还有良好的黏结力，混凝土的碱性环境能在钢筋表面形成保护膜，使钢筋不易被腐蚀。

追求建筑的坚固和质量，不仅有利于维持外观状态，而且对保护家具、粮食、衣物，保持良好室内环境，营建冬暖夏凉的小气候，防止虫鼠侵扰等有直接作用；且坚固而设计完美的建筑，能让人充分体验艺术与建筑结合带来的愉悦感。当然，现代材料建造的建筑也有相应的使用寿命，也会遇到重建和维修等问题。建于1936年，被誉为二十世纪伟大建筑的美国落水山庄，其设计独特，人类的建筑杰作与天然的美景共生于一体，神奇的画面好像就是凝固的音乐，其建筑师福兰克·赖特在分析落水山庄的建造时，强调"要给

福兰克·赖特作品"落水山庄"

落水山庄维修现场

建筑以自然美""尽量保持材料的本色，消除不必要的装饰，努力保持材料的特质，使材料、装饰与周边环境保持内在的联系。"但是，在其建成60年时，该建筑因上下露台逐渐下沉，需要加固和重修，为此依靠美国政府拨款、微软公司和公众捐款来维修，共计花费1000多万美元。此维修费用是其初建成本的数十倍（未考虑物价涨跌因素）。

现代材料、现代工艺与传统建筑往往难以有机结合，许多中国建筑师耗费大量心血，但效果总不尽人意，不是太洋气，就是盲目仿古，或仅仿其皮毛，缺乏新意。

鉴于颐真园空间有限，建造者只能费尽心思，在坚固材料的应用上做功夫，包括善用澳洲砂岩、花岗岩等石材，以及钢筋混凝土、玻璃及一些合成和替代材料的巧用等，使材料与建筑空间、构筑物、构景元素及相关功能巧妙结合。还将主体结构的部分工字钢显露，既保持室内空间高度又展现材料本色，同时，导入百年建筑和有机设计理念，结合装饰吊顶、木雕及展陈等，使材料、建筑和传统文化得到融合。揽月阁设计兼顾文化内涵且亲近自然，室内装饰效果显得明快亮丽。

显露的钢结构

揽月阁建筑外立面采用澳洲砂岩、大面积玻璃

五、文化展陈，研究与艺术启蒙相结合

艺术启蒙的意义近年来受到国人重视。在欧洲的启蒙运动思想与文化引导中，人们以理性为指导，认为知识应该为人类服务；重新认识和思考历史，开展对外部世界的探索；将自己的情感解放出来，呼吁人性回归自然；冲破彼时理性的桎梏，进行科学革命，科学得到前所未有的发展。新的认识和科学成就改造了欧洲的社会、经济，并最终改革了制度。在这当中，文化艺术启蒙运动占有重要地位。艺术在传播知识的同时，引导人们思考。数百年来，欧美发达国家十分重视文化展陈及其启蒙作用，不同性质的公私博物馆、美术馆、图书馆在各城市中星罗棋布。近年来，上海、北京、深圳、广州、杭州、宁波等国内大中城市也日益重视文化展陈，大型博物馆、美术馆及图书馆等不断建成，各地的民间展陈也在不断涌现。

揽月阁作为小型艺术展陈空间，期望参观者能从中了解历史，收获知识，从而借鉴前人智慧，体验身心愉悦并受到启迪；同时，也希望使用者在学习与研究文物的过程中，实现守护文物的社会责任。更通过不同文化作品的展陈，起到中外文化交流的桥梁作用，促使世界不同文明互相尊重，同时坦诚对待历史，共同面向未来。

颐真园以自己的实践，抛砖引玉，为文明建设事业作出自己的微薄贡献。

揽月阁步梯装饰

揽月阁三楼至四楼楼梯转角处及天窗

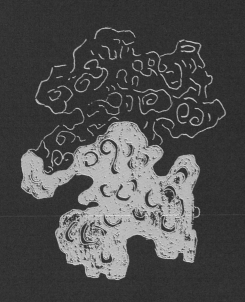

营建

一、总体布局

　　中国山水画的布局，往往发挥画面构图的主次、呼应、气韵、远近、疏密、虚实、聚散、开合、均衡等艺术手段，在有限的画面上表现丰富的景物和深远的意境。山水画创作，往往是"搜尽奇峰打草稿"，经过提炼取舍，从而创作出好的作品。

　　揽月阁馆藏，清初王翚弟子、宫廷画家杨晋的《山水》，原藏家为岭南盆景创始人孔泰初。这幅青绿山水，画面以近处描绘精致的浅滩、溪涧、林苑及亭榭为主景，远处延绵的山峦和若隐若现的渔船为呼应，中间则从右侧延展出渔村一角以增加画面平衡感，在离村不远的江面上，渔翁正在撒网打渔。画面布局从近至远层次有致，虚实得度，画作整体一气呵成，营造出栩栩如生的景致和深幽的意境。

竹外桃花三两枝春江水暖鸭先知蒌
蒿满地芦芽短正是河豚欲上时
壬寅春三月既望画于有松轩
西亭杨晋

杨晋 《山水》

题识：竹外桃花三两枝，春江水暖鸭先知。

蒌蒿满地芦芽短，正是河豚欲上时。

壬寅春三月既望画于有松轩 西亭杨晋

收藏印：孔泰初

来源：孔泰初（岭南盆景创始人）旧藏

孔泰初（1903—1985），又名少岳，祖籍番禺，岭南盆景创始人之一。19岁开始从事盆景研究，崇尚"四王"画法，常常将临摹的树木形态贴于窗门，通过阳光的投影，捕捉盆景造型的灵感，这也是中国山水意境构思的方法。他曾担任广州盆景协会会长，广州市园林局园艺师。是一名德高望重的近代著名盆景艺人。

孔泰初创作的九里香被周恩来总理作为国礼送给英国女王。他首创"蓄枝截干"造型艺术，创作出雄伟苍劲的"大树型"盆景。注重树木根、干、枝的线条美，树干嶙峋苍劲，树冠丰满，枝条疏密有致，富有画意，为岭南盆景艺术风格的形成奠定了基础。孔先生的儿子孔繁藻，深受其父影响，曾长期在广州园林局、棕榈股份等单位工作，其创办的"岭南景石培训"，对从业者实际工作有较强指导意义。

1470×690mm

传统园林的布局与中国山水画的构图手法有异曲同工之妙，强调空间的主次、聚合和相互呼应，同时追求景观的虚实相间、疏密有致，给游览于园中的人以步移景异的感受，这与山水画力求通过静止画面给人身临其境之美感不谋而合。

颐真园的规划，同样汲取了山水画及传统园林的精髓，在有限的空间里，通过因地制宜、小中见大的手法，尽可能创造富有趣味的景观。笔者作为棕榈股份的创始人，将多年积累的园林景观营造经验加以提炼，在本项目建造中充分体现和发挥。

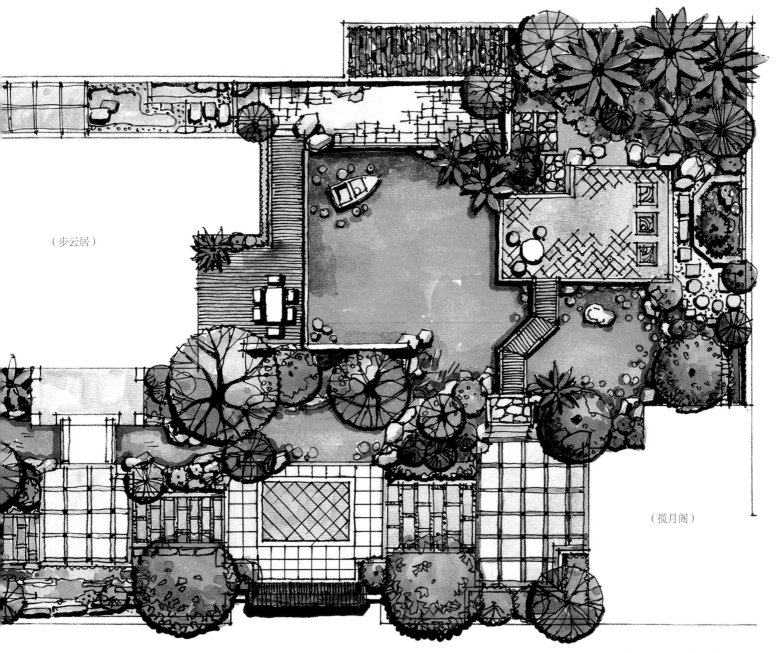

（步云居）

（揽月阁）

颐真园平面图（何建华　手绘）

颐真园鸟瞰图（无人机航拍，吴燕昌 摄）

颐真园总面积约 1500 平方米，具体布局设置如下。

① 将园门即步云居临街门，设计成独特的钢构大门。

② 改造提升 1000 多平方米的宅园景观质量，包括西区绿地升级和东部花园改建绿地；东部原泳池通过深化设计，优化岸线，增设水体等联系两处建筑，形成 200 多平方米景观优美的锦鲤养殖池（爱鳞池），并设汉白玉桥跨越两个大小不一、形状各异的水面。

③ 改造了 200 多平方米的旧建筑，并新建钢结构房 200 多平方米，使两者有机连接在一起，合并成为约 500 平米的综合艺术馆，其外观及材料色泽等与原住宅"步云居"的南加州风格相呼应，建筑与绿化有机组合，形成一体。

④ 在东西两个区域设置环绕的园路系统，形成完整的道路系统，使之连贯曲桥、平台、亭子等小品建筑，接连两处建筑的入口，及热带雨林和果园等；东部构筑景墙、花台、灰塑、砖雕、满洲窗等传承于岭南工艺的园林小品；全园重视小水景、置石和铜雕的配置。

⑤ 中部以"澎湖青石"切片，营造"淡墨秋山"长卷式假山。

⑥ 充分利用原花园的骨架植物，对全园植物景观作升级改造，使优化后的植物景观及建筑好像从自然环境中生长出来。

⑦ 在项目实施中斟酌确定景名，形成景名后再优化设计并完善景观，包括施工中的提炼补充和后期理微时的推敲修整。

⑧ 步云居是十多年前所建住宅，自用并孝亲。《板桥家书》曰："大率平生乐趣，欲以天地为囿，江汉为池，各适其天，斯为大快。"父母均年近九十，在笔者与兄弟宅园中居住均已超过十年。原宅基左池右陆，左右逢源，故名"步云居"，意在步云高枕，老来无忧。因是十多年前所建，本书对其不展开论述。

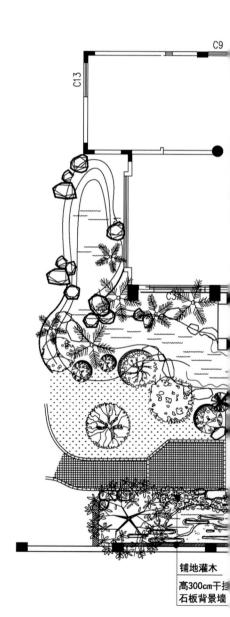

铺地灌木

高300cm干挂
石板背景墙

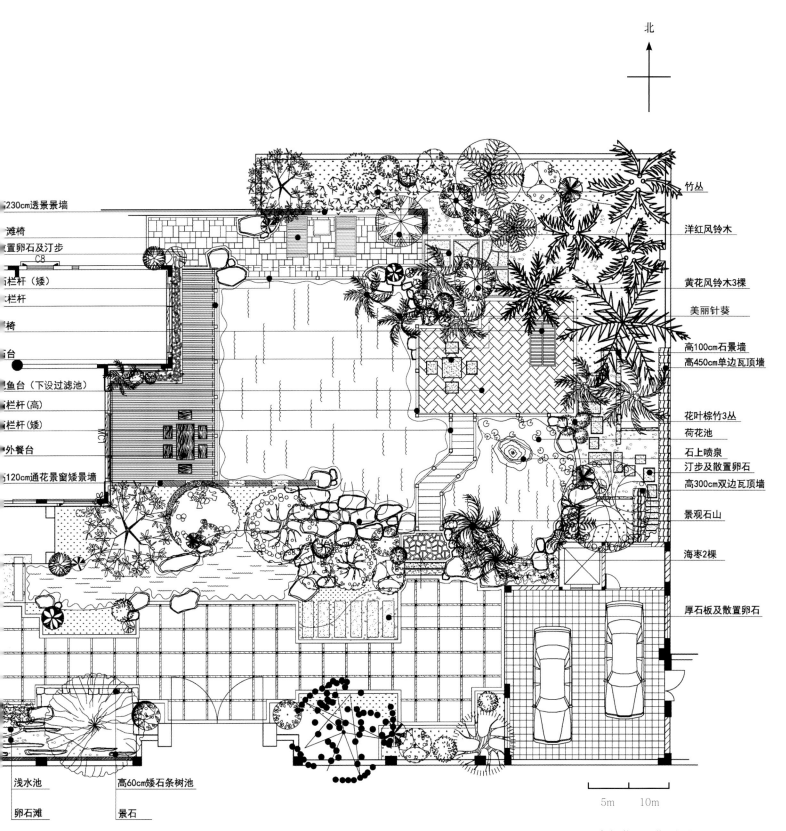

北

230cm透景景墙
滩椅
置卵石及汀步
C8
栏杆（矮）
栏杆
椅
台
鱼台（下设过滤池）
栏杆（高）
栏杆（矮）
外餐台
120cm通花景窗矮景墙
C5

竹丛
洋红风铃木
黄花风铃木3棵
美丽针葵
高100cm石景墙
高450cm单边瓦顶墙
花叶棕竹3丛
荷花池
石上喷泉
汀步及散置卵石
高300cm双边瓦顶墙
景观石山
海枣2棵
厚石板及散置卵石

浅水池
卵石滩
高60cm矮石条树池
景石

5m   10m

东部花园早期平面图（1：125）
（实施中有增删）

089

二、山水营造

1. 颐真园记

"颐真园"园名，源自张大千"观颐"牌匾；参考了棕榈上市前拟定的"真诚、实力、开放、共赢"的企业文化，还听取了孟兆祯院士等人意见，最终以大千先生的题意，确定园名为"颐真园"。同时，将"观颐"二字刻于砚石，安装于园中围墙。

在确定园名及功能、布局后，便是斟酌确定各处建筑名和景名。经综合孟院士，以及吴劲章、成玉宁、陈玲玲、黎柱成、何志峰、李念慈、伍汉文、麦洪峰等诸位专家和本馆首任馆长张汉彬等人意见，将园内景点分别命名为揽月阁、淡墨秋山、爱鳞池等，根据景名，在实施中优化设计并完善景观，部分景名完工后再加以深化提炼。

"颐真园记"由作者自拟初稿，再请陈玲玲女士提炼润色，经反复修改成文；选用宋坑端砚，由端砚大师杨焯忠刻石，镶嵌于围墙东角，据此可知本宅园设计构想及营建过程。

颐真小园，隐中山小榄九洲基。其主人致力园林营造，凡三十载，广采他山之石，久怀建园之志，兼得各方支持，名家提点，历时两年，遂成此园。园方二亩，中建步云居，东造揽月阁，余地遍植花木，构筑岭南特色林苑，形成宜居宜藏，宜聚宜憩之格局，小中见大，凡中显奇。二筑之间，衔以一池碧水，荷香鲤秀，平添无限生机。园中点缀奇石，各成景致。采澎湖青石，砌淡墨秋山，得米芾山水之神韵；搜太湖俏石，置厅堂内外，有道子神仙之风骨。一砖一瓦，无不寄寓，灰塑传神，砖雕得意，佳景处处，趣致万千。漫步闲庭，嘉木葱茏，匝浓荫一地；老藤虬结，盘巨蟒树间。山茶四季，棕桐多姿，奇葩异卉，芬芳满园。步云居乃起居之所，临碧拥翠，清新宜人，晨兴鸟唱，夜静虫吟，花香染枕，叶绿透轩。身居闹市而若呼吸村野，天伦共聚，其乐融融矣。揽月阁脱胎自旧楼，袭传统风格，施现代工艺，渗时尚元素，制天衣于无缝。屏风挂落，掩映有致；步级楼梯，一步一赏。此乃私人艺术馆，内藏清宫精作五层紫檀龙洗，双耳和田玉瓶，古今奇趣宝物，中外名人字画，尽在其中。可谓一室一天地，几层几乾坤。时邀四海名士雅聚，品茗论道，放怀诗酒，谈笑赏珍，无不尽兴焉。园东砖壁嵌吴湖帆联曰：且与太平装景致，始知诗酒有工夫，横额为张大千题：观颐。品之有味，可窥主人情怀志趣，见造园初衷，以为点睛之笔也。颐真揽月聚群贤，弄玉观花意趣全。顽石戏鱼莺啭树，诗书当酒共婵娟。甲午秋日北郭听雨人记，端州刘演良书。

（北郭听雨人即广州文化人陈玲玲女士；书写者为端砚名家刘演良，刘先生早年曾在小榄中学任教。）

以另一宋坑石匾上刻"观颐"二字，即采用前述揽月阁馆藏张大千先生 1955 年题写牌匾的字体，请广东省书法家协会常务副主席纪光明先生题写了刻匾说明，并刻于石匾，嵌于《颐真园记》碑刻之侧。

观颐二字，出自张大千先生乙己年朱砂榜书之匾，本园揽月阁癸巳秋，经何志峰绍介，于香港保利竞得。《直方周易·序卦》有云：颐者，养也。品其意，谓观察研究养生守正，甚得吾心，遂题吾园为颐真园，兼表修养真性之志。适逢乙己甲子，撰此小文，谨请纪光明挥毫，勒石以记。颐真园主人立。

"颐真园记"与"观颐"石刻

在选择"观颐"石刻的配置方位时，曾拟斜放于地面作坡面碑，后考虑到南方多雨，易被溅起泥水污损，最后于围墙内嵌入石刻。石刻前配置一数百年古麻石作条凳，而条凳基座的青砖则选自珠三角拆除的清代老民居之料，石凳与围墙之间配置一组广东英石小峰，植南天竹、墨兰、四季兰、春兰及沿阶草等，使之形成颇具南粤风情的颐真园记小景。

栽植的墨兰中，有一株"神菊"，为上世纪九十年代初由笔者发现于野生兰中，后此兰转手，被众多名家追捧，一时风靡于兰界，现名兰回归本园，也算一慰。

英石与"颐真园记"小景

墨兰新品"神菊",外侧花瓣成轮状排列,内侧鼻瓣等退化及唇瓣增生多枝,形成内侧唇瓣亦轮状排列,形态殊为奇特。

墨兰新品"神菊"

颐真园入口处的迎客石相互呼应

2. 仁者乐山

"仁者乐山"出自《论语》：子曰，知者乐水，仁者乐山；知者动，仁者静；知者乐，仁者寿。水代表智者，反应敏捷、思想活跃；山则代表仁者，仁厚的人安于义理，宽容，不易冲动，性情如山稳重。

山水相依，山者，天地之骨也，无山难以成园；山清则水秀，山穷则水尽；水以山为面，水得山而媚。如果拿山水比圣人，则圣人兼具智仁。

山水文化是中华民族传统文化的重要组成部分。中国园林向来善理山水，积2000年历史发展为成熟的山水园林文化体系。爱山乐水、天人共荣、桃园躬耕等人文情结，对历代造园有着深远影响。历史上不乏山水园林的精美范例。早在唐代，中国山水文化已东传至日本，其山水理念出现在前述日本约300年前的《筑山庭造传》等园林专著中；而明清时更传至英伦，为英国自然式园林提供参考。中国山水园林理念在世界造园史有着积极影响。

右图是吴湖帆30岁时创作的山水画，画面表达平远山水，村落隐于画中一隅，村旁古木参天，远处山水相连，湖天一色，此画设色淡雅，意境深远。

吴湖帆对联之上联，出自宋朝邵雍诗《自述》："春暖秋凉人半醉，安车尘尾闲从事。虽无大德及生灵，且与太平装景致"。下联亦出自邵雍诗《花月长吟》倒数第二句："月恨花愁无一点，始知诗酒有工夫"。邵雍年轻时云游天下，游历多年而归隐后，学易悟道并撰写了传世著作。"且与太平装景致"描写了诗人安定后的心境，而"始知诗酒有工夫"则表达了诗人从诗酒花月中得到的感受。

吴湖帆的山水画与对联，意在描写恬静的山水田野，并借邵雍的诗抒发自己的心境、表达思考。这也是山水人文园林所追求的境界。远山隐黛，湖天一色，有云林景致，又葱郁朴茂，自出新意，设色淡雅，更显丰韵独树，其山水的诗情画意，可在颐真园内之"淡墨秋山"中体味。

吴湖帆　书法对联

题识：且与太平装景致，始知诗酒有工夫。
　　　吴湖帆　国钧先生属
钤印：吴湖帆印（白）　倩盒书印（朱）

吴湖帆　《山水》

题识：燕文贵有江岸图，尝见石谷子临本，兹拟卷中一角以
　　　奉绳祖老兄雅命　甲子秋日吴湖帆
钤印：吴万私印（白）

吴湖帆（1894—1968），名万，字东庄，又名倩，号倩庵。江苏苏州人，吴大澂之孙，山水从清初"四王"、明末董其昌，上溯宋元各家，以雅腴灵秀、缜丽清逸的画风独树一帜，是二十世纪中国画坛一位重要的画家。

且與太平裝景致

國鈞先生屬

始知詩酒有工夫

吳湖帆

670×345mm 216×1320mm

地形塑造是景观营造的基础。基于传统的园林审美习惯，中国人喜欢模仿自然山水营造园林景观。山、水、林、泉等自然景物及地形是园林景观表现的主要部分。颐真园通过利用地形的起伏、调整园路和平台的高差关系，结合现场的实际情况，塑造富于变化的空间和微地形，使其隐现山水园林格局。同时，在各个功能区域，结合硬质景观、散石，在不同地形地貌中配置相应的植物群落，营造源于自然、高于自然的宅园景观。

北

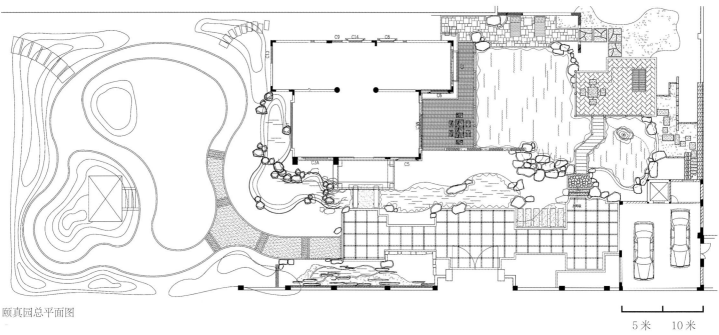

颐真园总平面图

5米　　10米

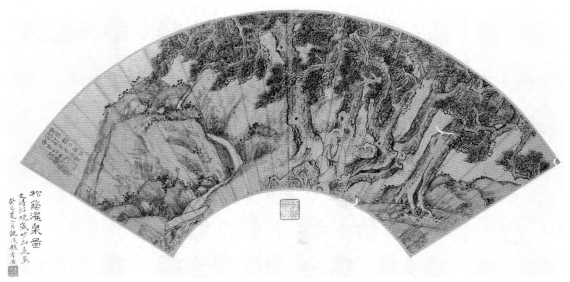

文徵明 88 岁时创作的《松阳濯泉》，反映出完全忘我的精神境界　　170×520mm

热带棕榈林下溪涧跌水景观

3250

第一次方案

第二次方案

"淡墨秋山"片石假山

假山布置是中国山水园林的重要营造手法。如前文所述，在中国自然山水园林中，常追求山水所表现的哲理及意境，又会考虑地域与季节气候特征。在宅园中常以假山营造胜景，形成咫尺山林的境界。假山堆叠以造景为目的，用土石等材料构筑。掇石叠山，以构成园林主景或地形骨架、划分及阻断空间；或布置驳岸护坡、挡土墙，设自然式花台，并常与园林建筑、园路、场地和园林植物组合造景。人工假山虽是人造，但尽量减少人工痕迹，增添自然生趣。

"淡墨秋山"为园内的青石切片假山之名，源自米芾作品，经征求友人意见后确定。布置在住宅入口正对处，临街门内侧，该地块长而窄，长度约 20 米，宽 2.5 米；以切片青石营造出暗合米芾父子"淡墨秋山"画境的"手卷式"假山。在领略贝聿铭所建苏州博物馆之假山长卷意韵后，经过反复推敲，拆掉原跌水墙改建而成。

石料选择上，在考察了多种石材的质地、色泽及肌理后，最后选定澎湖青石为筑山材料。方案设计后逐步优化，最后选定本页所展示的第三次设计方案，委托佛山平洲切割翡翠的专家将青石切成片状。在假山安装时，运用了"三远法"构图，使各石片宾主分明；根据设计方案，依石材形状及皴纹合山，同类皴形山石合理配置；完工后调整主石高度。背景墙以七片 2.4 米 ×1.1 米的大型汉白玉石片组成，取消了原设计方案背景中的远山和皓月。在选定石材后的一年中，经反复咨询、论证，由笔者主持并请端砚大师协助，对山体切片表面采取了"劈""锯""凿""烧"等多个工艺，使假山切面"虽为现作，仿似千年"。

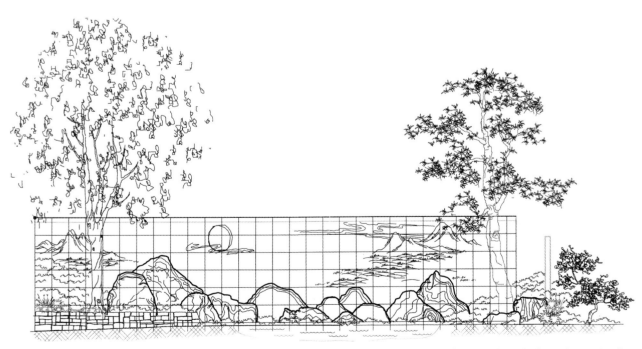

第三次方案（最终定稿方案将背景简化，只保留了背景墙）

假山植物配置：选用叶片细小的植物作为假山绿化配置材料，形成缩龙成寸、咫尺千里的连绵长幅绿色画卷。假山植物配置中丛林意境的营造，以及本书后文介绍灰塑部分的艺术构图等，都分别征求了画家黎柱成等人的意见，以从画境上达到令人满意的整体效果。

宋代米友仁（米芾之子）《潇湘奇观图》（北京故宫博物院藏）

"淡墨秋山"手卷式切片假山实景：恰似连绵起伏的群山缩影

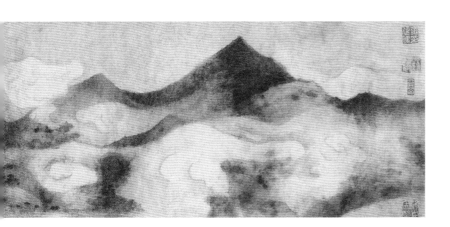

颐真园"淡墨秋山"与宋代米芾父子画作
（台北故宫博物院藏）异曲同工

"淡墨秋山"位置旧貌

经植物配植后的作品，力求体现山水文化及仙境意蕴，比真山水更概括和凝炼，做到真石假作，片山有致，寸石生情。"淡墨秋山"的构图及意境，与揽月阁藏溥心畬的《松岩飞瀑图》有着几分神似：松树屹立于危岩，瀑布从树隙中飞流，水雾连天，尽显风光无限。黎柱成、麦冠英的写生图，也分别将《淡墨秋山》描绘得出神入化，活灵活现。

黎柱成写生画《淡墨秋山图》

颐真园"淡墨秋山"与溥心畬《松岩飞瀑图》一脉相承

麦冠英写生画《淡墨秋山图》

刚完工的淡墨秋山片石假山局部

置石，即景石散置，又名园林供石。常独石成景，或多石形成独特组合，作为山水园林自然地形的组成或点缀，又在斜坡、路沿、水边等发挥护坡、护路和点景的作用，也可作假山的余脉或过渡。《南史》记载，"溉第居近淮水，斋前山池有奇礓石，长一丈六尺……"这是置石见于史书之始。自唐代起，私家园林纷纷置石。明代林有麟《素园石谱》描述有宣和六十五石图，反映了明清以来的雅石发展。

颐真园选取多款景石，布置于园林各处及厅堂内外，为平缓地貌的山水营建起点睛作用。

图中两尊景石是产自英德的南太湖石。左侧屏风石，经千百年的风化和冲蚀，形成镂空的溶洞，成为洞穴相连有致的景石。屏风石前配置了以月季为主的植物景观，中外名花嘉木融于一景，形成林木森森，藤缠葛绕，花繁叶茂，万紫千红的景色。右侧立石，状如白垩纪末期的霸王龙（右页图）；石高约两米五，龙头前仰，像在昂首长啸，龙前肢短小，屈于身体的前半部，后肢挺立并支撑全身，整体呈半蹲状。在霸王龙石的前方，配植一株叶片细小的百年罗汉松，树下配置由牡丹花、大花蕙兰等组成的迎春花境。

景石与名花嘉木

著名的云南石林屏风石

路沿石完工后的植物配置及其与景石的搭配效果

屏风石前配以九里香树桩及四季山茶，以各色月季为主组成带状花境

路沿石完工前的屏风石、"霸王龙"石及周边花境配置

霸王龙漫画形象

月季为主的带状花境与淡墨秋山片状长卷假山融为一体，一株　微曲的九里香树桩挺立其中

"霸王龙"景石背面，大花蕙兰、蝴蝶兰及牡丹等繁花争艳

大富红牡丹是颐真园的春景主花

颐真园的花园一景

颐真园自东向望植物景观

入口小广场内，在汉白玉曲桥侧，配置罗汉松及景石。三株罗汉松列植于景石一旁，其树龄逾百年，状苍古如袈裟披拂，雅致飘逸，常年翠绿。此间的景石状如嬉戏中的海马，与周边花境构成迎客小品。

　　"瑞峰迎宾"白太湖石，置于揽月阁一楼入口前，其与花台上的黄太湖石均得自杭州，由杭州市园文局原局长施奠东先生协助鉴选。该石色白如汉白玉，高2.5米，极具"皱、漏、瘦、透"之韵，玲珑剔透，造型优美，有如北宋郭熙《山村图》"夏山苍翠而如滴"意境，展现"山形步步移""大山堂堂为众山之主"的园林奇趣，配青石束腰长方形底座。

（宋）郭熙《山村图》（南京大学考古与艺术博物馆藏）之意境与"瑞峰迎宾"石异曲同工

"瑞峰迎宾"白太湖石正面

"瑞峰迎宾"白太湖石背面

左上：状如黄龙挺立的黄太湖石，置于灰塑浮雕前的花台

右上：形似身披铠甲武士的南太湖石，置于水龟池前

下："济公嬉戏"南太湖石及其周边植物配置

散置的景石，常与植物、水体等构建溪涧和驳岸景观，凸显景石自然之美。景石融入环境，需匠心独运，让石头也会唱歌，让生硬的环境产生艺术灵动感。

爱鳞池池侧散置黄蜡石　　　　　　　　　"环屋溪唱"水系配置黄蜡石　　　　　　　入口广场内"招财猫"黄蜡石

四楼天台花园笋石散置　　　　　　　　　小型笋石作为树池围蔽

以小型澎湖青石配置海岛景观

桂林漓江"九马画山"

"淡墨秋山"片石假山的澎湖青石切面花纹，仿如"九马画山"真山

3. 上善若水

老子说："上善若水，水善利万物而不争，处众人之所恶，故几于道。"这是说，做人最完美的境界和品性是如水一样，水滋润万物而不与万物争高下，处在众人所不注意的地方或者细微处，这样的品格才最接近道。

孟兆祯先生评园："以水为心，动静交呈。先开池，鉴于循环洁水设施，又有山溪曲折自流入池。水贵有源，源出自泉，泉成线溪亩池，又有沟渠贯通。上善若水，调节湿度与气温，倒影生动。池供鱼乐，渠养龟鳖，生意盎然。锦鳞翔水，飞鸟入林，观生意之不息也。"由此可见，园林理水可理出最美的境界。

受饲养锦鲤多年的两个弟弟影响，笔者将原来利用率不高的泳池改造成锦鲤池，借用日本"爱鳞会"锦鲤大赛之名，将锦鲤池命名为"爱鳞池"，并以其水面连贯沟通住宅及艺术馆的景观。鱼池面积约 150 平方米，放养锦鲤数十尾。通过有机生化池过滤、涌清泉过滤机等净化系统，池水质清有氧，可供浮游生物生殖繁衍。夜晚打开灯光，汉白玉石桥蜿蜒于湖面，桥湖曲圆相配，小巧雅趣。

颐真园大的水景有锦鳞翔水（爱鳞池）及环屋溪唱；小的水景则有灵龟百态、迷你湿地及荷舟等。水景的应用，除了提升园林境界外，还对植物的生长及气候的改善有着较大的裨益。当然，园林管养中要及时清除不流动的积水，以防滋生蚊虫。

环屋溪唱：位于步云居周边。其设计概念十多年前由同事赖国传手绘描出，梁心如先生等给予指导。选广东英德河卵石，沿溪散置，利用高中低三级水位落差，以潜水泵将下游的水引向源头上方，构成溪流水景。沿溪种植石榴、树蕨、樱花、茶花及睡莲等，在最下一级溪涧即靠近建筑入口处，养殖雄性锦鲤，既使鱼分开养殖、避免过多繁殖，又令水景增色，并与爱鳞池相呼应。

环屋溪唱

锦鳞翔水： 如前文所述，爱鳞池由原泳池改造而成。笔者曾于2015年随顺德友人潘志成先生参加其在日本爱鳞会的颁奖仪式，深受中日等多国爱鲤人士养鲤赏鲤所达到的技术及精神境界所感染。笔者也希望改造过的锦鲤养殖池呈现出生气盎然、鱼跃人欢之景，故借用"爱鳞"二字为鱼池命名。谐音"爱邻"，即敦亲睦邻，与邻里友爱相处。

冬季的爱鳞池全景

据考，锦鲤的祖先是鲤鱼，其最适生长水温为23~28℃，在2~38℃水温中都可生存。原始锦鲤品种为红鲤，在中国已有上千年养殖历史，寓意吉祥，是受人青睐的风水鱼和观赏宠物。现代锦鲤于十九世纪发源于日本新潟，目前日本拥有全球最成熟的锦鲤繁育养殖技术和设备，同时拥有大量锦鲤品种。锦鲤食性较杂，易繁殖，体格健美，色彩艳丽，花纹多变，泳姿潇洒，体长可达90厘米，寿命达数十年。现代锦鲤已成为风靡全球的高档观赏鱼，被誉为水中宝石，活的艺术品。在世界各地，每年都举办数量众多的锦鲤欣赏竞赛会，吸引了众多的锦鲤爱好者。

在中国园林中养殖锦鲤，是一件赏心悦目的事。要知道，漂亮的花卉每年仅开一时，而一尾锦鲤的有效观赏期可达到10年。越来越多的中国爱好者利用宅园凿池饲养锦鲤，近几年来养殖水平越来越高。养锦鲤的鱼池长宽最好不少于2米，水深达1.2~1.8米，这样不但观赏效果好，也较易育成大体型的锦鲤。如水体太浅则容易受光照等气候因子的影响，继而影响锦鲤生长发育。

养好锦鲤的关键是水质管理，包括pH（7.2~7.4为佳），铁离子、氯离子、硫酸离子等含量，溶氧量，硬度等。培养水体有益菌，消除有害菌类及有害物质。要使饲养的锦鲤颜色鲜艳且富有光泽，就必须通过过滤系统调整水质至理想状态。完整的生化物理过滤系统不仅能去除水中悬浮物及多余的藻类，还能通过滤材上的生化细菌分解水中对鱼有害的物质，达到水质净化效果。正常气温下投喂鱼食，鱼每天会排粪便，故应每天抽换底水5%左右，补充的如果是自来水，最好用曝气法使水中残留氯气发散后再加入鱼池中。雨水pH低，应控制其入池。水池以每天有3~5小时阳光照射为佳。

爱鳞池在潘志成先生指导下进行了完善，配置了以下多种过滤方法。

① 物理过滤：池水循环进入过滤系统，经过沉淀，利用毛刷等过滤材料，将水中的树叶等杂物以及尘埃、胶状物、悬浮物等除去，保持水的洁净透澈。

② 生化过滤：利用附着于毛刷、生化棉等滤材上的生化细菌，将鱼的排出物、含氮有机物以及氨、亚硝酸盐等，加以吸收转化，使之转化成对鱼无害的物质。生化过滤是整个鱼池过滤系统中最重要的一环。

③ 植物过滤：可利用的水生植物如美人蕉、石菖蒲等，它们根系发达，除了可用作杂质过滤，还能吸收水中无机盐，并具有观赏效果。

颐真园的爱鳞池还配有多层滴漏系统，过滤后的池水抽入装满生化细菌屋的不锈钢水箱，使水质净化更充分。还配有从日本进口的涌清泉过滤机，池水经过滤后再排入放有蚝壳和火山石的三级跌落式溪涧水道，经层层净化，然后再排入水池，池水尽量循环利用。

灵龟百态：中国人素有养龟的传统，原因是其寓意长寿，常用作风水布局或作宠物养殖。龟的养殖不难，广东人养龟的历史可追溯到西汉的南越王时期。颐真园分别利用三处边角地养殖水生龟及陆生龟，近期还有白化草龟、白化巴西龟、白化石金钱龟和黄金龟等各若干，丰富了对灵龟的欣赏。

颐真园在营建龟池时，特意选择了一些近似龟形态的石头，分别与紫藤、山茶等植物配置在一起。龟池中设有水池，供乌龟游泳与饮水；沙池房舍藏于龟池一角，利于龟休息；中间设食台、晒台，龟可穿梭活动其中。龟喜静，怕受惊扰，所以养殖池设置了石板、植物等遮挡物以供乌龟藏匿。龟行动并不十分灵活，狭小的石缝会危害乌龟的安全，故养殖池以通畅为佳。而陆生龟可与人逗乐，食草；但其畏寒，故冬季采取了保暖措施。

关于南越宫苑存在的五大谜团，其一便是"龟鳖石池"上建筑之谜。有专家认为这里可能建有一座供帝王后宫歇息、赏水赏龟的凉亭等。本页插图均为南越国宫署遗址中的龟池及石板通道，由此可知，岭南园林在约2000年前已有养龟习惯。

广州南越王宫苑内溪流与水榭遗迹，溪流旁配有便于灵龟上下的斜石板（见下左图）

126

颐真园部分灵龟

金粉巴西龟

粉雪巴西龟

白化巴西龟

白化石金钱龟

白化草龟

钙化草龟

三线闭壳龟（金钱龟）

黄喉拟水龟（石金钱龟）

梵高巴西龟

变异巴西龟

黄腹彩龟

安布盒龟

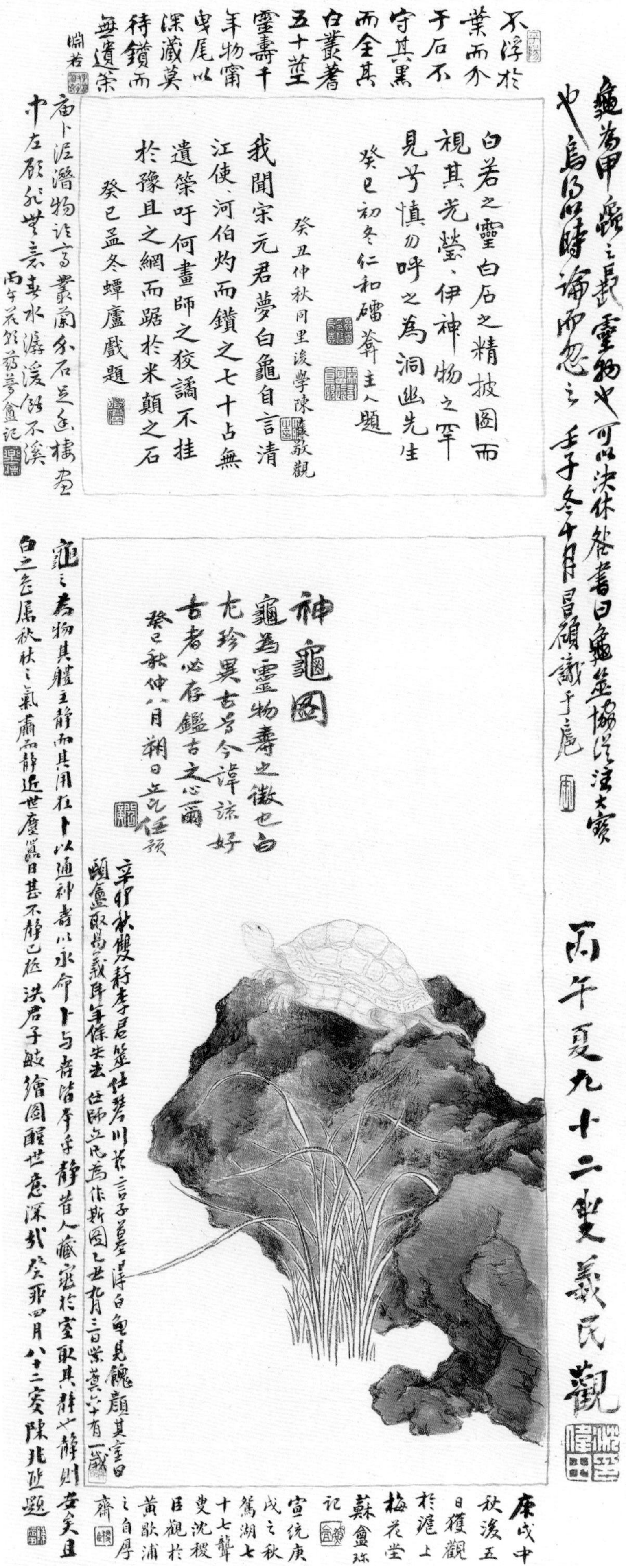

470×240mm

任预　《神龟图》

题识：①（任预题）　神龟图：龟为灵物，寿之征也，白尤珍异。古今今讳，谅好古者必存鉴古之心尔。癸巳（1893）秋仲八月朔日立凡 任预

②（吴昌硕题）龟为甲虫之长，灵物也，可以决休咎。书曰龟筮协从注大宝也。乌得以时论而忽之。壬子（1912）冬十月昌硕识于扈

③白若之灵，白石之精，披图而视其光莹，伊神物之罕见兮，慎勿呼之为洞幽先生。癸巳初冬仁和礴翁主人题

④我闻宋元君梦白龟自言，清江使河伯灼而钻之，七十占无遗荣吁何画师之狡谲，不挂于豫且之纲，而踞于米颠之石。癸巳孟冬蟬庐戏题

　　左图为揽月阁馆藏任预的《神龟图》，画中描绘了一只红眼睛的白化龟盘踞于青石上，仰视苍穹，栩栩如生，根据画面风格判断应为写生之作，疑为帝王之家的宠物。此画幅虽小却是精品，在画作完成后的20多年内，包括吴昌硕等十多位名人雅士在画上题词赞许并钤印。

　　颐真园养殖的部分白化龟，与此画作中描写的神龟形态较为相近，眼睛呈血红色，因龟龄较短，体色为黄、浅黄、金及灰白色等。

神龟图显示的红眼白化龟

龟与石景相映成趣

养殖箱内的白化龟

自然野化的水龟生境，是水龟栖息处

水陆两栖龟龟池

陆生龟池

4. 岭南小筑

岭南小筑脱胎于传统园林中的装饰小品、小品建筑和小型构筑物，多选用岭南地方材料，无论采用现代或传统工艺，都带着几分岭南文化烙印。

颐真园中几处岭南小筑，实为"无中生有"，例如为遮挡揽月阁的消防梯而设景墙，景墙做成影壁，其上镶嵌砖雕，再举一反三将后面围墙拉高，设置了大幅灰塑和其前面的花台。

砖雕： 在岭南传统园林工艺中，砖雕的使用比较普遍，许多祠堂及寺庙均可见砖雕的运用，常应用于墀头、照壁、装饰石匾等位置。岭南砖雕图案取材广泛，一般采用人物、花鸟、瑞兽形象及吉祥符号，或菠萝、荔枝等水果形状图案。颐真园砖雕采用了较规整的花卉图案及万字吉祥图案。

砖雕与周边环境的融合

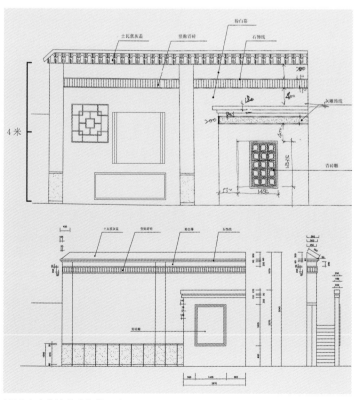

运用砖雕装饰的高矮墙图纸

岭南砖雕

灰塑：广东民间俗称灰批，是岭南园林传统建筑特有的装饰艺术，一般设于建筑墙壁上和屋脊上，在明清两代最为盛行，以祠堂、寺庙和豪门大宅用得最多。灰塑工艺精细、立体感强、色彩丰富；题材广泛，多为人们喜闻乐见的人物、花鸟、虫鱼、瑞兽、山水及书法等。顾名思义，灰是材料，塑是创造作品的方法。区别于北方皇家园林彩绘及江南园林灰塑，岭南灰塑通过通花雕塑、彩绘壁画、浮雕等花样繁多的手法，以立体彩绘的形式来表达意境。其人物、动物形象栩栩如生，形神兼备；山水色彩鲜艳，交相辉映。装饰在山墙、侧檐、正脊、漏窗、门窗、花台、排水管等位置，烘托出庭园生气勃勃、古色古香的气氛，将岭南园林的灵秀展现得淋漓尽致。颐真园的灰塑图案源自一幅宋代的解索皴山水画，立体感很强，使黯淡的花台后部有了生气，给人以心旷神怡之感。

灰塑材料选用生石灰、牛皮纸筋、矿物质颜料、钢钉、铜线。为加强石灰的黏结性，民间艺人一般会在搅拌料时加入黏稠的红糖水等（其施工工艺与方法被民间艺人视为行业不可外传之密）。灰塑的施工工艺大致有如下几个步骤：配制材料；构思灰塑造型；固定灰塑骨架；造型打底；批灰；上彩等。相对于民国初年重修的苏州狮子林灰塑，岭南园林的灰塑更结合了彩绘艺术，立体感更强，具有鲜明的岭南特色。

颐真园的灰塑受王蒙、吴湖帆山水画构图启发，在传统基础上增加了立体层次，同时完善了画面构图透视效果，还改进了灰塑的配制与施工工艺，如以铜线挂网与不锈钢钉组成骨架；以熟石灰掺黏稠红糖水增强其黏结性；增进白水泥标号以加强结构的刚性，通过这些措施提升灰塑结构，进而延长其装饰寿命。小幅灰塑则依花台各边框因地制宜而设，配以十二花神图案。

颐真园灰塑：宋代院体山水画，结合岭南工艺

颐真园灰塑：花鸟和水果图案

花台侧面

仙踪花台：岭南园林如广州余荫山房等，其中花台的应用沿自皇家园林。花台兼具装饰性和实用性，按季节在其中栽培牡丹、月季、兰花及菊花等。颐真园花台高近90厘米，四侧配以灰塑。花台中一丛生棕榈——奇异绉子棕，为十多年前所栽，起对景及美化背景的作用，先有植物，后加花台，故其根系深埋在花台之下。

花台正面

　　景墙： 景墙及门洞在传统园林中常起隔景、借景及框景的作用。颐真园的景墙采用了荔枝面砂岩，并以折线形的现代建筑形式构建，为宅园提供多层次的构景效果。

曲桥：传统园林中曲桥的应用源远流长，形式多种多样。颐真园中的汉白玉石三曲桥，既能体现传统的灵秀之美，又不失现代风韵和气质。曲桥贴水而建，在视觉上有拓宽水面的效果。

不同观赏角度的汉白玉三曲桥

　　亭子：亭子是园林中的休憩处，还具有点景、遮阳、避雨等功能。亭子类别很多，常见的有圆亭、四角亭、六角亭等。颐真园中构建四角木亭一座；天台花园还配置钢结构亭子一座，该钢构亭子原为做错尺寸的房顶，后因地制宜改造成凉亭。

天台花园中的钢结构亭子（右图为夜景）

木作仿亭秋千椅

木亭内外景色

观景平台：为从不同的角度观赏临水景观，分别在爱鳞池东西两侧设茗台、月台两个观景平台，临水的视野带来愉悦和舒适感，两个平台之间，即全园重点观赏空间。茗台之下兼作锦鲤池水的过筛池，地表以石质为主，间有木质透气板，月台则完全为木质。两台中分别设圆形和长方形桌台，各配石质及铁艺椅。

茗台

月台外望景观

5. 雕塑与杂项

　　铜雕：国外花园中常配置雕塑，尤以铜雕为甚。颐真园园内配置了多款自美国进口的铜雕作品。作品栩栩如生，富有现代生活情趣。

石雕： 石雕是中国传统工艺，也是近年的大宗出口商品。颐真园巧用了几组石雕，为园林增添几分古朴感。

石桌石凳

欧美石花盆

石雕

陶雕：陶雕是中国古老工艺。随着近 30 年来的发展，在众多陶瓷大师的共同努力下，岭南园林得到了更多选择陶雕的机会。颐真园的几组陶雕，分别配置于园林各处，起到点缀园景的作用。

源于清代的窗花

何湛泉大师作品《老龙教子》

中国工艺美术大师杨锐华作品《沧海一啸》

岭南陶雕《水瓜》

木雕： 这组作为花窗装饰的仿树木雕，是利用笔者于 1989 年创办的中山市嘉艺装饰家具厂缅花梨边角料制作而成。

仿树木雕围栏

木雕《热带风情》

老井和户外家具：井是从地下取水的装置，在中国传统人居环境中不可或缺。颐真园中的老井源自苏州，井口为圆形。"井"字从字形来看，四面都是三，合起来就是九，故井可代表"天、地、人；前、中、后；左、中、右……"，有无穷无尽之意。麻石条凳采用源自明清民宅的条石，3.3米长，置于兰园前，供点景和闲坐之用。

户外品茗家具

麻石条凳

一口源自苏州的古井

三、植物景观营造

　　揽月阁收藏的花鸟画作中，不少描画了适于广东宅园选用的植物，既有孤植，又有群植。原因之一，园林植物是园林造景中构景和隔景的必备材料，时常会见到。

　　从这些画作可知，宅园种植的植物其实就是活的艺术品。颐真园就是以艺术活化的表现方式去雕琢植物景观的。期望以配置得体的花或树，使人在一年四季、阴晴雨雾中欣赏植物的新陈代谢，感受花开花落，这与赏心悦目的工艺美术品欣赏感受堪称异曲同工。

吴晓曦　颐真园写生；伍汉文题诗：淡墨秋山得地缘，林阴鱼跃鸟声喧，颐真楼上藏高古，诗意栖居景万千

颐真园植物景观营造

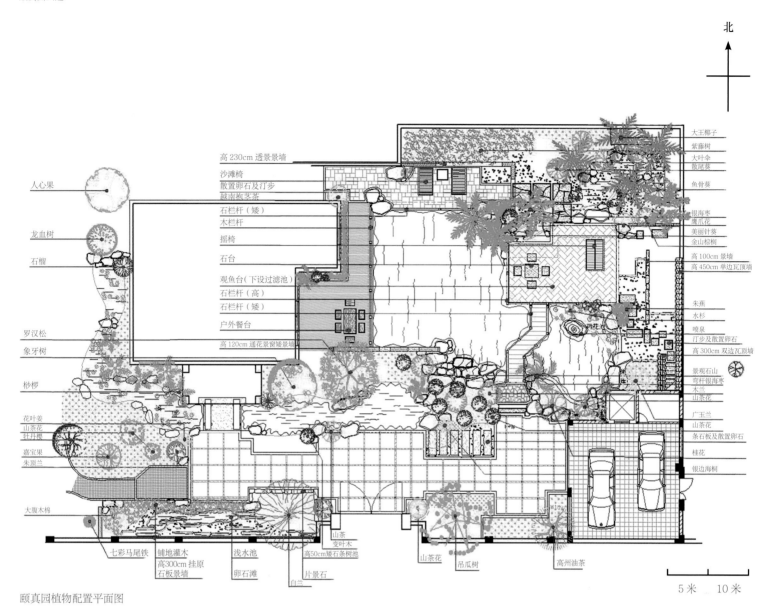

北

人心果

龙血树

石榴

罗汉松

象牙树

桫椤

花叶姜
山茶花
牡丹樱

嘉宝果
朱顶兰

大腹木棉

七彩马尾铁

铺地灌木
高300cm挂原
石板景墙

浅水池

卵石滩

白兰

片景石

高50cm矮石条树池

山茶
变叶木

山茶花

吊瓜树

高州油茶

高230cm透景墙

沙滩椅
散置卵石及汀步
越南袍茎茶

石栏杆（矮）

木栏杆

摇椅

石台

观鱼台（下设过滤池）

石栏杆（高）

石栏杆（矮）

户外餐台

高120cm通花景窗矮景墙

大王椰子
紫藤树
大叶伞
散尾葵

鱼骨葵

银海枣
鹰爪花
美丽针葵
金山棕桐

高100cm景墙
高450cm单边瓦顶墙

朱蕉
水杉
喷泉
汀步及散置卵石
高300cm双边瓦顶墙

景观石山
弯杆银海枣
木兰
山茶花

广玉兰
山茶花

条石板及散置卵石

桂花

银边海桐

5米   10米

颐真园植物配置平面图

中心区　　淡墨秋山区　　爱鳞池周边　　棕榈林及净化溪流　　陆生、水生龟区　　环绕溪流　　果园

颐真园种植分区图

张大千 《松下高士图》

钤印：张爰之印信（朱）　张季（朱）

题识：旧藏大涤子松下高士图似　新鹤吾兄法家

　　　正之。丙寅（1926）重九日，季弟张爰

1320×330mm

颐真园中庭气势不凡的罗汉松，旁侧建筑为步云居侧立面

1. 植物景观主体骨架及其特色

颐真园的植物配置，是在升级宅园原有植物景观的前提下，因地制宜地增添岭南四时花木，结合建筑、地形、景石、水体及游览路线精心配置，构建独具"颐"情"真"致，满足主人"观察研究、修养真性"需求的岭南民居特色。

中山位于亚热带季风气候区，温暖湿润。颐真园针对"颐"与"养"，优先完善生物多样、四时有花、生机蓬勃的植物景观骨架，在原有的棕榈植物及棕榈园林特色名花基础上，补充完善骨架群落；并不断面向国内外及棕榈研发成果吸收优异花卉，运用灵活的植物设计手法，在配置上精雕细琢，结合各种造景元素，营造有自身特色的四

颐真园由大门内望植物景观

季植物景观。

陆润庠在下列一副对联中，传递了他的研学观念：学画要寻求黄荃的正统，种树要研读郭橐驼的真义。其中提及的郭橐驼，源自唐代柳宗元的寓言故事《种树郭橐驼传》，柳宗元在文中借郭橐驼之口，表明要使树木成活得好及开花结果更多，不过是要顺应树木天生习性。植物景观的配置，首先要了解植物的生长习性，要讲究适地适树，减少

繁杂的人为滋扰。此种树之法也道出了对政府治理的感悟，就是对百姓只进行最小的约束，尤其是对日常生产及其他琐事，官方一般不宜干预，否则会造成过多滋扰，适得其反。笔者十年前曾以此典故写成一篇小文，在《广东风景园林》发表。笔者及棕榈股份在植物景观配置上一直贯彻工匠精神。从地形整理，到土壤改良加入土杂肥，到苗木的起挖、修剪、假植；从容器苗的生产，到树穴定位、挖穴，借助

929×363mm

陆润庠　书法对联

垂帘细读黄荃画，种树时翻郭橐书

题识：叔琴仁兄大人雅正　陆润庠

钤印：陆润庠印（白）　后直余闲（朱）

陆润庠（1841—1915），字凤石，江苏苏州人，同治十三年状元，其书法近欧、虞风格，清翠朗润，继承传统帖学。

棕榈股份大树包扎及吊运施工

颐真园入口广场自西东望骨干植物景观特色

吊机种植大树，培土、浇定根水，利用支撑固定以防风，及植后养护等，形成一套较为成熟的植物栽植技术体系。棕榈在各地的园林项目，大多以优异的植物造景效果成为当地的示范工程。

颐真园的植物景观营造，从设计定位到种植养护等，无不精心组织。根据总体布局及初步设计，选择适当的树种及合乎规格的植株；在种植设计中，根据不同观赏角度，处理好植株与植株、上层植物与中下层植物、植物与建筑物的关系；统筹植物与山石、水体、雕塑、园路等构景要素的关联，围绕比例、主次、对比、过渡等关系进行配置。对于大树，做到挖穴定位准确，起吊、种植一次成功。中下层花灌木每年适当进行调整，配置时注重节奏、色彩及高低等的变化，使总体景观浑然一体，整体群落、林冠结构、季相变化、小区域的效果和特色，都达到较理想的状态；同时妥善利用植物美化建筑物及构筑物的角落部位。在养护方面，采取科学措施，保证花木早生快发、花繁叶茂。

耐热樱花盛开时的草坪周边植物景观

非洲羽叶垂花树开花后结果

颐真园入口广场自东西望骨干植物景观特色

非洲羽叶垂花树的树冠形成了绿色隔景，弱化了外围建筑对颐真园景观的影响

颐真园西部草坪入口花境一瞥

在许多江南园林的建造中，园主人同时也是造园家或书画艺术家，岭南园林也不例外。清乾隆时广东画家及造园家黎简，被誉为"诗书画三绝"，他在广东的国画创作中开先河，将本地特色的花木带入山水画中，画作中突显了岭南地区乡土阔叶植物，体现了他的地域人文情怀，故他的画作令人倍感亲切。黎简还是石痴，常移石入画；在会城为富商叠山造园。他算得上是笔者的"先师"。颐真园在园林植物景观营造中，同样强调乡土树种的利用及适地适树原则。例如白兰及各种果树如龙眼等的应用，使地域景观特色更为鲜明、更具生态多样性意义。

右侧书画题款考评：

左款是作者41岁时所作（戊申年，即乾隆53年，1788），画家题"此学关种之作，留为五百四峰草堂物"，强调"子孙宝而勿失也"。

右款，是黎简于己酉年（1789）补题。记述一年前"其詹兄"索画的经过，当时画家住广州芳村五羊观莲街，因患病无法作画，一月后"其詹兄"又到顺德陈村百花村家中索画，"匆匆不暇事笔札，因卷壁上所悬者而赠之，以家藏物转其詹藏，以示通家之好也"。表明黎简当时赠予的是最得意的作品或家藏物。

黎简在本画作中，不但用浓重的笔墨作画，相较以前清淡的风格颇异其趣；而且学习董源方式也成型。作品中近景是长皴的石头，远山也是长皴的山景，整个画面充满了垂直的线条，又用浓墨重苔打破这个结构，几棵岭南乡土杂树协调了画面的线条结构，使整个画面呈现一种稳定的美感。黎简此时融会贯通，步入人生创作的巅峰，不再拘泥于某一家某一派，开创了自己的画作特色。

黎简　《山水》

题识：①己酉九月一日，其詹兄过访，借于五羊观莲街客居，欲践作画之约，而是日病作矣。其詹遂相依，日夕视方药，留滞一月少差，各自还乡。十月十日其詹来百花村舍，相起居时已无恙，而匆匆不暇事笔札，因卷壁上所悬者而赠之，以予家藏物转为其詹家藏，所以示通家之好也，弟黎简记

②此学关种之作留为五百四峰草堂物，子孙宝而勿失也。戊申十月十八日五羊双门楼下与闻人可庵同寓记，可庵名采字古卿，绍兴人，门生何深同观，二樵

钤印：① 黎简私印（白文）五百四峰草堂（朱文）
　　　② 黎简私印（白文）乡国老农（白文）

鉴藏印：金瓯堂鉴赏印（朱文）

作者简介

黎简（1747—1799），字简民，号二樵，广东顺德人，清代乾嘉年间岭南著名诗人、书画家，诗画书三绝。师法倪云林、石涛作品，融古汇今。由近及远求索，以"搜尽奇峰打草稿"的石涛技法，作为其创作基调。

乾隆五十四年（1789）拔贡，淡于仕进，而致力艺事。中年筑亭曰众香阁、药烟堂、五百四峰。书法欲追晋人，中年兼学李邕，晚年多写苏、黄体，隶师平石经。画法宋、元，卓然名家。疏秀淡远似倪瓒，淋漓苍润似吴镇，面貌多样。山水简淡，皴擦松秀，其小帧笔势坚苍。点缀苔树，多蘸以大绿，无一笔不遒劲，亦无一笔不精细。间作墨梅，亦作写真。

有《江瀨山光图》轴，藏上海博物馆。著有《五百四峰草堂诗抄》《芙蓉亭乐府》等。

1150×485mm

2. 突显骨架植物及乔木隔景的作用

园林中的乔木配置，在结构上好比人体的骨架基础；适宜的花木尺度和得体的植物配置手法，可形成独特的园林风格和景观风韵。棕榈股份在营造优秀植物景观方面，是国内最有实力的品牌企业之一，这为颐真园植物景观的成功营建打下了基础。

颐真园原有植物骨架配置良好，分别有棕榈科的大王椰子、银海枣、华盛顿棕、霸王棕、狐尾椰子、红叶青春葵、奇异绉子棕等，作为主景、配景及障景的关键植物；增添的花木包括百年老紫藤、丛生苏铁、罗汉松、非洲羽叶垂花树、白玉兰、广玉兰，以及耐热的重瓣樱花、美人梅、龙眼、阳桃等，各自在点景、隔景、漏景中发挥效用；

增加了由棕榈股份培育而成，配置在植物群落中下层的名贵四季红山茶、玉兰等新品种；还有在全年各时段开花的牡丹、月季、蝴蝶兰、大花蕙兰、黑兰、菊花、百合等花木，使颐真园四季展示各类奇花异卉，百卉争艳，芬芳满园，植物景观成为颐真园的重要景观构成。记得笔者在2015年春节期间，发了上百张花果照片于微信朋友圈中，赚足了朋友们的点赞。

值得一提的是颐真园植物隔景手段，高大乔木弱化外界高大建筑对宅园环境的干扰，园中植物景观的设置既保持与外部的联系，也形成内部相对清幽安静的环境。

步云居被包围在郁郁葱葱的植物环境中

揽月阁营建中精心保留了"半株"广玉兰，减少了周边环境对本项目的干扰

减少对邻近空间的影响

经整形的果树作隔景，外部所显露的只是优美的建筑轮廓线

大腹木棉、白兰与棕榈树的组合配置，构成良好的带状隔景效果，弱化了外部不太协调的建筑色彩

整形中的"孔雀开屏"，紫藤架形成正面的端景

3. 孔雀开屏——紫藤花架

因用地紧张，园中植物景观的营建充分向空中发展，竖向（立式）紫藤花架应运而生。园内东及东北方向利用木栅栏，增高围墙以遮挡外侧影响园内景观的建筑，至园内中央水景正北面，建造竖向钢木结构花架，以构成花园北向的端景，这也是欧美庭院常见的植物景观营建方法。花架前种植一株百年紫藤，藤条在花架上蔓延散开，高低盘转，待三月初春紫藤花开，犹如一尾开屏的孔雀，以实造虚；与附近棕榈林的巍然矗立相对应，寓意紫气东来，自成一景。

紫藤在广东多湿地区生长旺盛，在夏季 10 天内嫩枝可生长 1 米，需定期修剪，否则花架顶端枝叶相互缠绕，影响全株均衡长势；上层过密的枝叶还会遮挡花架中下层的枝芽，减弱下层采光，造成中下部枝条枯萎。故需要不时修剪，以使紫藤花架攀布均匀，并控制花叶枝蔓的布局。

2016 年 3 月"孔雀开屏"紫藤景观

"孔雀开屏"，老紫藤初春开花景象

此《百寿图》中紫藤枝干垂吊，几只猴子悬吊其间，姿态各异，目光紧盯振翅盘旋的群蜂和池中游鱼，一派生生不息的气象。

百年老紫藤与熊猫石相映成趣

程璋　《百寿图》

题识：百寿图　庚午春日　新安瑶笙程璋

钤印：程璋之印（白文）　瑶笙金石书画（朱文）

程璋生活于晚清至民国，是清华大学最早的国画教师之一，他将工笔花鸟与透视画法结合在中国画中，画面中动植物描画精致。古柏上缠绕的紫藤花开正时，五只灵猴攀援其中，活灵活现，与群蜂、池鱼组成生动奇趣的画意。

1400×745mm

园中来自日本的球状花序紫藤花盛开景象（颐真园天台花园）

象征"紫气东来"的盛放中的百年老紫藤

画家黎柱成笔下的紫藤，古拙苍健，"云遮日影"，画面中既表现了竖向紫藤花架，又灵活运用山水画构图。这是颐真园景观与黎先生独特花鸟画的异曲同工之处。

黎柱成　《紫藤黄鹂》

题识：云遮日影藤萝合，风带潮声枕簟凉，岁次壬辰
　　　冬月，鼓山雨梦轩主人画于榄溪，黎柱成写

钤印：雨梦轩（朱）　黎柱成（白）

创作年代：2012 年

1360×680mm

965×465mm

4. 四季花境与十二花神

此处介绍几幅与十二花神有关的揽月阁馆藏画作。

自 1991 年起至今，棕榈公司联同山东菏泽赵弟江父子，在广东对牡丹进行春节用花的催花栽培，促成花艳且应时，取得优良的成效。每年春节，牡丹在颐真园内都会盛放，营造出富丽堂皇之氛围。

左图这件岭南画作，以墨韵酣畅的绿叶托拥着灿烂怒放、鲜艳夺目的花朵，雍容明丽的牡丹花下一双翠鸟喧声雀跃，呈现出一派鸟语花香的景象，没骨法行笔爽健，艳而不俗。

赵少昂　《水漾晴红》

题识：水漾晴红压绿波，晓半金粉复庭莎。裁成艳丽偏装巧，分得春光数最多。欲从似含双靥笑，花繁粉月一声歌。牵堂客散簾丰地，想凭栏杆钦翠蛾
己巳新春，百花盛放。少昂于岭南艺苑，时年八十五

钤印：我之为我自有我在（朱）　赵少昂（白）　蝉嫣室（白）

创作年代：1989 年

园中牡丹盛开

横田实先生来港观光，与郑光兄雅叙甚欢，特嘱绘此贻赠，即希正之，一九五五年秋沈仲强画并识

1065×350mm

民国时期，成员分布于上海、香港及广州等地的广东国画研究会，常独立于岭南画派之外，于传统国画技法中寻求国画艺术的传承与发展。

沈仲强此幅《菊花》，曾由日本收藏家横田实收藏。日本的菊花花艺技术居世界种菊之巅，日本人原藏此画，足见该画作的艺术效果不同凡响。

菊花是中山的市花，中山的小榄更被誉为"菊城"。近二十多年来，小榄除了举办过1994、2007年的大型全国性菊花盛事外，还每年都举行菊花文化欣赏会。颐真园地处小榄，园内植物自然也会点缀以菊花。

沈仲强 《菊花》

题识：横田实先生来港观光，与郑光兄雅叙甚欢，特嘱绘此
　　　贻赠，即希正之，一九五五年秋沈仲强画并识
钤印：仲强（朱）沈九（白）霜杰楼（白）

此画布局严谨，菊石构画工中带意，是作者的精心之作。上款人横田实是日本治印名家，曾寄赠印谱与藏品给"东京国立博物馆"的印谱资料库。

右图为笔者主持，吴劲章先生规划，麦洪峰先生、沈顺峰先生为项目实施人的 2014 年甲戌菊会二百周年庆典中小榄菊展会"榄溪菊韵"景观。将湿地生态与现代园林等元素结合起来，置有伍汉文先生所赋门景对联：碧草黄花秋容装盛世，溪山湿地时雨润芳园。后页所示为菊展会园内景观，呈现出一派祥和、热烈和水乳交融的景象。（"榄溪菊韵"景点由棕榈股份与小榄园林水产协会联合送展，园中景石、景树及菊花等多数来自以上协会多位同仁。）

"榄溪菊韵"南入口景观

春节期间颐真园摆放的盆栽菊花

"榄溪菊韵" 实景局部

"榄溪菊韵"湿地景观

铁骨沁幽香

一九九一年

稷月于

韩江南岸

隔山书屋

郑梅开伉

俪雅属并政

漠阳关山月

830×500mm

颐真园曾植有三株较耐热的"美人梅"梅花，惜每年花期虽长却开花不盛，缺少梅花漫天红霞的神韵。为此种植一株耐热的重瓣樱花"牡丹樱"以补不足，此种疑为自然杂交品种，产自东亚海岛，每年盛开，花开灿烂。为控制其在春节开放，需提前约 50 天人工去叶。

关山月 《铁骨沁幽香》

款识：铁骨沁幽香。一九九一年秋月于珠江南岸隔山书舍。应伍明光、郑梅开伉俪雅属并政。漠阳关山月。

钤印：关山月印（白）山月画梅（朱）漠阳（朱）

上款人伍明光，原广东省外经贸委副主任，广交会广东交易团团长。

关山月（1912—2000），广东阳江人，高剑父入室弟子，岭南画派代表人物。历任广东画院院长、中国美术家协会副主席、广东省美术家协会主席。1959 年与傅抱石为人民大会堂创作巨幅国画《江山如此多娇》。

盛开的重瓣樱花

　　颐真园入口处，是宅园内出入的中心区域，此处充分利用小广场以及树下、路沿、墙角、水边等，营造出高低错落的四时花木季相。

　　棕榈股份在全国各地实施的园林项目，常用"花境"装点园林，如常在园林入口、在重点区域的乔木中下层运用花境，获得众多业主的赞誉。笔者同事刘坤良老师，是全国著名的花境配置专家，在精心造景之余，还受邀到各地作有关花境的主题报告。

　　颐真园中的花境配置自然是植物景观营造的重点之一，如果配置得宜，能延长奇花异境的有效观赏时间，甚至可以做到四季如春，全年有景，且大大减少更换残花的频率。

春天，蕙兰盛开

颐真园春季景观

春天，颐真园花境中的各类花木争相开放

盛开的樱花位于颐真园西部草坪一侧

颐真园春境

　　首先开放的是樱花。自然杂交于澎湖列岛的牡丹樱，重瓣，花粉红色，每年盛开于春节期间，在中山需采取人工去叶方式以调节花期。牡丹樱盛开时，花苞绽放红蕊，花瓣染上一层新妆，漫步花丛中，姹紫嫣红、争奇斗艳、异馥诱人，令人感受到春暖花开的美好情境。

盛放中的桃花，迎春争艳

樱花树下观赏迷人景色：万绿丛中一"树"红，动人春色不须多

草坪与樱花形成的庭院框景

牡丹樱开放时不同角度的景观效果

置于几架上的盆栽大花惠兰

春节期间开花的石斛兰及蝴蝶兰，配置于英石土坡中，婀娜多姿。还有稍高的墨兰，又名报岁兰，散发着淡淡的幽香，引得昆虫前来探寻

大富红牡丹在群芳中绽放，其国色天香当仁不让地成为颐真园春色中的主花。牡丹催花春节时开放，是棕榈股份自 1992 年以来的成熟技术

由大花蕙兰、蝴蝶兰、风信子等西洋花卉营造的艳丽花境

牡丹花盛开

喜花草（可爱花）在景石一角迎春怒放

嫩黄的菊花，花瓣像用玉石雕刻而成，如亭亭玉立的少女翩翩起舞

绿意盎然

初夏，朱顶红争艳

绿意盎然

种植在步云居落地窗外的石榴树，从春天的石榴花开，
到冬天的枯枝错节，都别具姿彩；夏末秋初石榴果成熟引
来觅食的小鸟，则呈现出鸟语花香的场景。

春末夏初的石榴树

盛夏，室内外望挂着硕果的石榴

烈香茶盛开

夏季，木兰、山茶形成的丛林效果

棕榈十二花神杯

五彩瓷器，是清康熙时期景德镇的重要产品，从明代五彩的基础上发展而来；尤其是清官窑中首次将绘画、诗词、书法、篆印结合在一起呈现于器皿，使之更具艺术文化内涵。五彩十二花神杯是清官窑瓷器中的名品，时至今日还能成套保留的更是凤毛麟角。英国大英博物馆藏有完整的一套十二花神杯，杯胎洁白如雪，花卉图案精致，赏心悦目。

对应颐真园内的"十二花神"，并参考清康熙年制的"十二花神杯"，笔者为棕榈股份设计制作了具有自己独特风格的景德镇美瓷——棕榈五彩十二花神杯，其中花卉包括：梅花、牡丹、木兰、荼薇、紫藤、兰花、荷花、茶花、桂花、菊花、石榴、棕榈。这十二名花分别对应十二个月，也是棕榈股份擅长应用的园林植物，分别蕴含着独特的含义。棕榈企业针对这些花木育有相应品种，在植物景观营造中有所偏爱。

2014年，经瓷器艺术家段和坤和设计师吴晓欣协助，完成了"棕榈十二花神杯"的设计和制作。"棕榈十二花神杯"由景德镇和坤瓷业承造，选取上等陶土，由高级技师亲手捏制坯体，后手工描画花纹，小窑高温（1360℃以上）烧制而成。其中"棕榈杯"配有孟兆祯院士为棕榈园林题写的"棕榈人气旺、传承有所创"字句。

颐真园"十二花神"花木，在园内四季适时开放

颐真园花卉特写

5. 热带雨林与椰林景观

颐真园内绿化分成几个区域，其中有以棕榈植物营造的热带雨林与椰林景观区，配置了大王椰子、银海枣、布迪椰子、霸王棕、老人葵、狐尾椰子、红叶青春葵及金山棕榈、奇异绉子棕等。棕榈植物引种驯化和推广应用的成功，曾令棕榈园林荣获2010年广东省科技进步一等奖（为排名第一企业），笔者也以个人排名第一为行业争光；同时该课题还荣获建设部华夏杯科技二等奖。棕榈企业在棕榈植物应用方面的技术创新包括：

① 展开对棕榈植物资源、发芽机理、适应性（耐盐、耐阴）及其机理的研究。

② 以先进的生产应用综合集成技术，首次成功将棕榈规模化应用北移一千多公里，填补了国内这一栽培技术的空白。

③ 首次研究棕榈大规格容器育苗与全冠移植技术，成活率达98%，带动了行业的移植技术发展，使苗木适合远距离运销。

④ 率先对棕榈疫霉病、红棕象甲实现无害化综合防治，降低了病虫害发生率。

⑤ 率先开展棕榈在园林中应用的品种筛选及植物配置技术研究。

在社会效益方面，棕榈植物引种驯化和推广应用项目在全国带动棕榈植物辐射推广种植超十万亩，促进棕榈植物生产和应用的规模化、产业化、本土化，改变了棕榈植物仅在我国长江以南地区应用的历史，引导了行业竞争力的提升。现今长江以南许多大中城市园林绿化中，棕榈植物的应用占10%~30%，产生了良好的景观效益。

近些年来，部分苗农就少数棕榈植物种类而盲目扩种，造成产能过剩并大量滞销，这与笔者的初衷不符。笔者认为，在今后棕榈的引种驯化和应用上，应将兴趣爱好与商业行为分开，使棕榈园林应用趋于供求平衡，整体水平更上层楼。

红叶葵叶葵展开嫩红的新叶

为了说明棕榈股份及笔者本人对于棕榈植物的感情及在应用方面积累的经验，此处节选笔者 1997 年发表于《广东园林》的《棕榈植物的配置与欣赏》。

棕榈科植物是独特的一类园林植物，它的根、茎、叶、花、果均有着自身特有的形态美，在园林空间中，它常单独或与其他景物同时出现。在热带亚热带各地区的各类地貌和有关园林中，棕榈科植物是出现频率最高的一类园林植物，包括热带雨林、滨海沙滩及中东沙漠。

不同环境和不同题材中棕榈的园林配置。棕榈科植物象征热带景观的特色，在不同的气候环境及景观题材中发挥着构景要素的巨大作用。该科植物共有 3000 多种，实际应用约为 500 种。棕榈在城市道路中作为路树妙用，丰富城市临街建筑物的立体感和街景轮廓线，常以列植、片植手法配置，并优先选用风格独特的大型棕榈。在半自然式水体或规则式喷泉配合造景，棕榈多与各类草本花卉和各种花灌木（含整形花灌木）配合，与

欧陆式喷泉结合而成的棕榈花园常有明显的主轴线，棕榈的配置方式有点植、丛植、片植、列植等，各种耐烈日、耐荫蔽、耐干旱、耐水浸、耐海风、耐严寒的棕榈科植物，在特定的小气候环境中，气温和湿度得到调节，故适用棕榈更多，大多数棕榈都会长势健美。

棕榈与各类花卉及草地配置。常选用风格独特，秀丽婆娑的棕榈作主构图，为了突出主景，在许多时候会重复种植数株至数十株同种或多种棕榈。各类热带棕榈花园更可同时采用开朗风景及围合风景等不同的空间分隔去展开景观。

棕榈为主，在斜坡、转角、地边造景，补遗空间利用。另外，以棕榈作隔景、引景、背景等配景时，常选配如散尾葵、棕竹、短穗鱼尾葵等丛生棕榈。

棕榈在庭院中与建筑构筑物及各类运动设施等结合造景，所选用棕榈的品种及株数等视建筑构筑物及各类运动设施的功能及体型体量而定。棕榈在建筑庭园的中

心、大门两侧、城市广场等重点区域配植，则充分发挥棕榈的立体层次和构景作用。采用虚实对比、均衡对称、突出重点的配植形式，使选配的棕榈成为庭园的标志树种。以棕榈配置山林野趣，往往与等量以上的乔灌木配合，尽量显露棕榈植物原来的"野"性，甚至干枯的叶片也不加修剪。在配植手法上，虽然也有开有合，但往往似尽不尽，欲扬先抑，意趣天然。利用耐寒棕榈营造冬景，在雪花纷飞的银色环境中，挺立着绿色的耐寒棕榈，给人以震撼人心之吸引力，例如岩桐、棕榈、欧洲棕、布迪椰等都有惊人的耐寒能力。

棕榈欣赏。棕榈植物植株体形潇洒、体量适中，又有独特的风格，很适合与其进行拟人化的情感交流。我们到有棕榈的地方闲坐、漫步、写生、野餐、露营，会特别地舒心悦目。

棕榈与艺术。无论是在静止时观赏棕榈，即视觉效果中的静态空间构图，还是在运动中观赏棕榈，亦即欣赏动态序列空间园林布局，都可从不同视角将棕榈加以诗化、画化、音乐化。在各类以棕榈为主组成的景观中，均充满着诗情画意，充满着强烈的风景艺术感染力。

棕榈精神和风格。当环境饱含着棕榈的雄姿或美态时，我们会不约而同地联想到热带椰林的无限风光。棕榈雅俗共赏：青年欣赏棕榈的热情，少年驰想棕榈的神奇，文人感受棕榈的浪漫，商家体验棕榈的稳健。在干旱的沙漠，你会为见到棕榈而兴奋；在严寒的冬季，你会为遇到棕榈而温暖；微风中，你会听到棕榈的呼唤；大雨后，你因染绿的棕榈而闻到更清新的空气。只要有爱美之心，棕榈的美感都会通过你的视觉、听觉、嗅觉而获得，又因您的文化志趣不同，产生不同的理解和深思。棕榈在"圣经"中，还象征"凯旋"的胜利，传说当年耶和华收复了大量失地而凯旋，耶路撒冷人民用棕榈叶铺在军队回归的路上。

棕榈索取得少，只要不多的阳光和土地，棕榈就可茁壮成长。城市绿地中棕榈的养护成本也较其他乔木为低。棕榈因没有板根，故一般不会危及地下管线及墙基的安全。

环屋溪流

郁郁葱葱的棕榈树

棕榈股份引种应用棕榈植物的历史，可追溯到笔者于1977年恢复高考前夕在广州的经历，以及在中山长江乐园的园林建设实践中对棕榈的应用。笔者由此开始了认识棕榈并引种棕榈的历程。棕榈公司的成立，不但选择了"棕榈"作为企业名称，同时开启了漫长的棕榈植物引种驯化和应用的道路。早期依托华南植物园、芳村及中山花农搜寻各种棕榈植物，开发了金山棕榈及棕竹等进行商品种植，1990年后，则面向台商引入棕榈植物的苗木和种子。到九十年代后期，棕榈企业在全国引种应用棕榈植物已小有名气。1998年，棕榈园林正式启动了进军华东的计划；1999年，坐落上海青浦的棕榈种植基地落成；2000年，棕榈在负责改造的上海青浦区政府绿化工程，以及2001年延中绿地棕榈景区绿化工程中营造棕榈景观；2005年，邀请了华东园林专家对棕榈植物在华东的引种进行技术考察，各位专家对棕榈的引种驯化和应用工作给予极高评价，其中包志毅博士还写成《大华清水湾的布迪椰子熟了》一文（以下有删节）。

2005年8月29日，我们来到了上海苏州河边的大华清水湾，看到了高大的加拿利海枣、银海枣和华盛顿棕，一股南国风情扑面而来。当我们在两排粗壮的华盛顿棕下穿行时，突然发现有一棵高约2米的布迪椰子结了许多橙黄色的果子，果子直径大约3厘米，一共结了4大串，每串都有150个以上的果实，有的已经完全成熟，以至于落在树下，非常可爱！同行的吴先生是棕榈植物的行家，从树上采摘了几颗果子，递给我，说："尝一尝，味道很好的。"我除了吃过椰子、槟榔和伊拉克蜜枣，还真没有吃过其他棕榈科植物的果实。味道果然很好，甜中带酸，颇具风味。我举起相机，前后拍了十几张照片，以前在广州看到过布迪椰子的果实，在上海一带还是第一次看到，而且结得很丰硕！

布迪椰子的气候适应范围较广，从亚热带至温带，并能耐严寒，可耐－22℃干冷达两周之久，适合滨海地区及干旱地区种植。经历了去冬上海的严寒，还能结出如此丰硕的果实，布迪椰子果然厉害！在大华清水湾和延安中路绿地，布迪椰子生长良好，大多结果正常。

最近五、六年来，在上海、浙江、江苏等地园林绿化中应用了几种外来的棕榈科植物，其中著名的有加拿利海枣、银海枣、华盛顿棕、沙巴棕、布迪椰子等。关于在长江流域甚至更北地区引种和推广棕榈科植物，园林绿化行业是有激烈争论的。有的极力反对，有的极力推动，有的认为应该谨慎从事，摸着石头过河。上海的相关业主敢于尝试，敢于积极应用新的园林植物材料，使上海的园林绿化建设有了全新的面貌，上海园林绿地中应用的园林树木和花卉种类比以前大大丰富了。尽管在应用新的园林植物材料的过程中，出现过不少问题，但成绩是主要的，不去尝试，怎么知道结果？不经历风雨怎么见彩虹？不在上海试种布迪椰子，如何知道竟能结出如此丰硕的果实？

棕榈园林多年来大力引种棕榈类植物，并在园林绿化中推广应用，是勇敢的第一个吃螃蟹者。他们专门在上海青浦设立了大型棕榈苗圃，开展了棕榈大苗容器栽培，开发了棕榈科植物的种植、应用和养护管理技术，积累了丰富的经验。我们从事园林绿化的同行，应邀参加了上海耐寒棕榈应用状况调查和考察，到延安中路绿地、大华清水湾、青浦棕榈苗圃等实地察看，大家普遍认为耐寒棕榈植物在上海有其应用价值，值得继续努力。

中山市小榄苗圃"整装待发"的加拿利海枣

棕榈股份2001年负责建设的上海延中绿地棕榈景区

黎柱成　《葵乡小景》

题识：葵乡小景，岁次戊辰四月书于菊城

创作年代：1988 年

　　无独有偶，我国著名园林和花卉专家院士陈俊愉先生，也从 1980 年后在北京引种"棕榈"（注：原产中国中部的一种棕榈）达 30 年，可惜这些棕榈在 2011 年前后百年一遇的寒潮中全部冻坏；另外，棕榈园林为北京星河湾选配的智利蜜棕，每年都要以人工保护过冬。这说明，推广园林植物一是要大胆，二是要依靠科学实践，尤其是要掌握国内外先进技术。棕榈园林开展的棕榈植物引种驯化和推广应用荣获省部级科技奖，说明了其在长江以南对棕榈植物的引种驯化和应用技术达到世界先进水平。在此背景下，颐真园中应用棕榈植物进行植物造景自然理所当然。

　　画家（黎柱成）对园林花卉有独到的观察，以其早年这一《葵乡小景》的作品可见一斑。他取山水满构图的章法，以团块式的构成展示花鸟的生存状况和勃勃生机，说明画家对棕榈植物的观察入微。他近年的作品，更是取山水的勾、皴、点、染的笔法和积墨、泼墨之法，移用为浑厚润泽的花鸟表现效果，表现了大野雄风强悍瑰伟的奇情，讴歌原始花树蓬蓬勃勃的山野之气。（摘自贾德江：《独诣毕竟胜同能——黎柱成花鸟画个案研究》）

黎柱成　《葵乡小景》

题识：葵乡小景，岁次戊辰四月书于菊城

创作年代：1988 年

970×540mm

环绕着草坪的果园和凉亭

6. 佳果与草坪

笔者幼年时，宅园栽植有番石榴、阳桃、龙眼等果树，而青少年时代参与农村生产队的果树管护及采摘等劳动，常从事爬果树修剪，砍除老弱病枝，删除徒长枝、重生枝、内膛枝等工作，确保树冠保持空透均匀，阳光照射到每一条结果花枝。待果树开花后的结果初、中期，则进行追肥、除虫等工作，而冬天则是备耕的时机。少年时还曾在果树上捅过野生蜂窝。后来笔者担任生产队会计，深知果树经济对于珠三角农村收入的重要作用。因此笔者对果树自然怀有感情，养护上也有一套果农的实践经验。顺势而为，颐真园也构建了佳果草坪区。

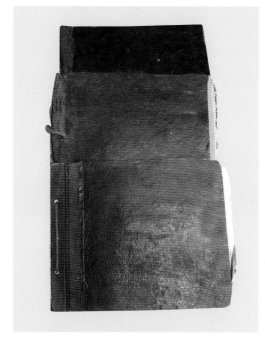

笔者任生产队会计时留存的部分账本

中山小榄某生产队七十年代五年财务报表

单位：元

年度	总收入	其中果树收入	纯收入	社员总分配	劳均分配
1973	48785	9650	33234	27968	349
1974	58940	12406	39823	31217	371
1975	57060	814	35460	28187	337
1976	49458	482	32849	27381	347
1977	65344	6673	48022	38269	440

根据笔者保存的时任会计账本和报表，在所统计的五年中，果树收入和总收入都高的年份（如 1974、1977 年），农村集体纯收入、社员总分配及劳均分配相对也较高。原因是果树园艺投入少，产出大。这里的果树是指当地优质水果——脆肉龙眼，其结果有明显的大小年。1977 年是四人帮倒台后的第一年，劳均分配较高，总收入也较高，是因为队里增加了副业收入。

颐真园植有各种佳果，包括龙眼、阳桃、蛋黄果、人心果、枇杷、嘉宝果等，并间植龙血树、梅花等，构建果香四溢的观果植物景观，与周围邻居形成分隔而有联系的空间。在密集居民区中种植果树主要是增加栽培乐趣，为追求果品有机，在果树的管养中限制使用低毒农药，尽量不用化学肥料；随着自然界蜜蜂的减少，也影响了果树的开花授粉。幸好，即便在近乎严苛的条件下，近几年颐真园栽植的果树仍硕果累累，惹人喜爱。

各类果树呈环状布局，营造出独特的围合式植物群落，中间的草坪则成为开敞空间，使颐真园西部的果园空间层次有开有合，疏密有致。

中部草坪区可以满足日常游憩、老人日光浴、儿童玩耍，更可供户外聚会等，作为共享空间使用。

溥心畬 《石榴》

款识：五月榴花照眼明，枝间时见子初成。
　　　可怜此地无车马，颠倒苍苔落绛英。
　　　心畬

钤印：溥儒（白文）

收藏印鉴：慕黄心赏（朱文）

565×300mm

从果树下外望，高低错落的树冠，将园外邻居环境和谐隔离

233

阳光透过果树树冠，洒落在园内各处，形成斑驳的光影效果

颐真园周年嘉果累累

春天，果园中的嘉宝果（树莓）熟了；夏天，龙眼、番木瓜、番荔枝、番石榴等的成熟收获季节；秋天本就是收获的季节，颐真园中更是果实累累。一年中颐真园中的嘉果陆续呈现，使人垂涎欲滴。

番荔枝

蛋黄果

红果仔

番石榴

人心果

澳洲坚果

花叶枇杷

嘉宝果

布迪椰子

龙眼

7. 水生植物及荷舟

《山海经》有句云："……滛梁生番禺，是始为舟。"在颐真园爱鳞池中建一叶荷舟，木石结构，舟内植荷，以"荷花"对应"揽月"的园林主题；更以少胜多，尽显庭园深深之感。以整块麻石作舫的主体及底座，坤甸木作船舷，体现"藏丘隐壑"，坚固的材料寄望百年不毁。下图为近两年内不同月份所摄，多种荷花栽植在一起，观赏花期达6个月，自4月底开至10月底。其中热带荷花畏寒，2016年春低温袭来，池中热带荷花品种受冻损坏，第二年安排了补种。

1月，热带品种尚有绿叶

7月，中花品种不断开放，而早花品种已结莲子

10月，最后开花的部分花蕾和花朵

5月，早花品种开花

4月，荷叶满舟，数朵荷花含苞待放，各色锦鲤身披七彩斑斓衣，悠闲地在池中游翔。南方的春天来得早，荷香鲤秀，一切都预示着美好的一年在祈望中展开。

9月，晚花品种开花

黎柱成在颐真园进行荷花写生

画家黎柱成画颐真园中荷花，构图蓬密，有层次及透气之妙，清风吹拂，花叶掩映，荷香四溢，自成妙景。用笔用色用墨，深浅浓淡，恰到好处。用翟墨的话说，是工笔其质写意其势，花鸟其表山水其里。黎先生以崭新的笔墨语言、色彩语言、书法语言来经营"花鸟丘壑"。其荷花画作以满构图、大丘壑、多层次、浮雕感为图式特征，画中花好像生长并覆盖于山坡、崖畔、丘陵及溪涧，或荷花本身就形成后者。他的画是西方焦点透视与东方散点透视的巧妙结合。翟墨曾用石涛的题画诗来形容黎柱成的画：

浑朴风流各擅长，藏丘隐壑又何妨。
天生自有真精神，露泡中多清白香。

黎柱成作品《荷花写生》

　　黎柱成把花鸟作为山水林泉丘壑来运笔落墨。"映日荷花别样红"，他以宏笔大墨将荷塘天地抒发得格外繁盛丰茂，使艳如烈日的荷花在画中充满原野的粗犷，整个荷塘内一片欣欣向荣、生生不息之景象，给人一种阳刚逼人的气势。

黎柱成　《映日荷花别样红》

题识：映日荷花别样红。岁次壬辰秋月，鼓山雨梦
　　　轩主人黎柱成画于榄溪芷海之滨
钤印：雨梦轩（朱）、黎柱成（白）、得像外意（朱）
创作年代：2012 年

1360×680mm

湿地是地球之肾。宅园中营建小片湿地，可丰富景观，更可增加空气湿度。但静止的水面容易滋生蚊蝇，
颐真园充分利用各种条件设置多处小型流动水体湿地，并栽种多种湿生植物及放养小鱼。还配合爱鳞池净化系统，
在鱼池一角配置了一小块生态过滤湿地，底部铺以火山石及细沙，起过滤水质作用，其上栽培湿生植物如池杉等。

苏居湿地景观

上左：棕榈股份组织编撰的茶花专著
上右：1896 年《茶花女》话剧海报
下左：封面品种——红天香云
下右：四季茶花品种与宋画中的茶花十分相似

8. 植物新品种展示

中国人工栽培茶花的历史已达千年以上，茶花自古以来便成为中国的十大名花之一；茶花在日本、印度等地也有悠久的栽培历史。茶花也在 400 多年前被引种到西班牙，成为文化交流的使者。笔者于 2014 年在西班牙花园见到了 400 多年前引种于日本的硕大茶花，其主干直径达 90 公分。

棕榈股份自 2005 年开始收集中国特有山茶种质资源，2006 年组建研发团队开展杂交育种，充分利用山茶属种质资源开展新品种选育研究，培育出了具有耐热耐晒、四季开花的新一代品种群。这些新品种的成功培育，突破传统茶花在花期和抗性上的局限，在世界茶花育种史上具有划时代的意义，结束了过去山茶仅开花一季，且花期仅在冬春时节的历史，极大地推动了世界茶花育种研发和广泛应用，并在此基础上出版了山茶研究成果专著《四季茶花杂交新品种彩色图集》。

为表彰棕榈股份山茶育种研究团队为世界山茶发展所做出的卓越贡献，国际茶花协会先后两次在国际茶花大会向棕榈股份山茶育种团队代表（包括高继银老师和笔者本人）颁发了"主席勋章奖"，此奖项是茶花园艺界的最高荣誉。这是该组织首次向个人颁发的同类奖项，也是迄今唯一向一个机构颁发两次的奖项。

主席勋章奖奖章

茶花水彩画 （西班牙茶花协会会长点评译文）

茶花在私人花园、公园、街道、广场中都是主角，因此它被认为是西班牙之花。在 Alex 的作品中，展示了西班牙茶花之路，绘制了茶花的形态。这种植物对环境的适应性强，现在也被很多西班牙苗圃大量生产。但是除了它的观赏价值，长远来看，这种植物还有其他用处，例如用它的种子生产油，或者是用叶子和芽制作茶叶等。

西班牙艺术家 Alex Vazquez 来自艺术世家，近年来他以画家和设计师为主要身份。他的早年艺术创作以现实主义为主，随着对雕刻、海洋和城市园林等主题的深入研究，他的创作经历了几个阶段的变化，形成了近期的非正式风格。他是一个事业发展广阔的西班牙美术家，画作经常被用于展览。他是一个风景画家，能够从任何细小的事物中找到绘画的灵感；在画作中使用平衡、柔和的线条。在他的职业生涯中，得到 D'Ors 大师的鼓励，也促使他的艺术阶段得以提升。他还是一个知名的插画家，线条绘制精细。他和几个重要的作家例如 Fracncisco Fernandez del Riego, Daria Xohan Cabana, Francisco Fernandez Naval, Xavier Alcala, 以及 Carlos Casares 都有过相关合作，对文学界的插画颇有贡献。

现在，他的画作主要运用自然手法进行表达，给人以直接而强烈的感觉，表现出色彩、光影和笔触的细致，创作出丰富的画作。他深深地被茶花世界吸引。他的插画作品中表现出精确、高质量的植物学意象，与茶花在这个领域的形象相一致。

他对插画的兴趣在 2006 年开始，茶花成为他不间断创作的灵感来源。他的画作名垂不朽，描绘了丰富多样的茶花种类，以及西班牙有历史价值的花园。他能够从不同角度展现花园的美丽之处，如捕捉出现在冬天的西班牙美丽花园中，茶花和石头、水巧妙结合的特殊情景，这一点无人能及。

西班牙茶花协会会长
蓬特韦德拉，2012 年 3 月

304×225mm

右图新品种茶花，主要性状：植株立性，生长旺盛。主要在夏、秋、冬开花，春季零星开花。花蕾圆球形，萼片绿色，被绢毛；花朵红色至黑红色，泛紫色调，半重瓣型至牡丹型，巨花型，花径13~13.6厘米。叶片浓绿色，长椭圆形，边缘近全缘。

美国茶花协会杂志总编辑布莱德·肯（Brad King）手绘图复印件，笔者得于2018年3月21号

棕榈四季茶花上市

左：盛放在颐真园的四季茶花新品种'桂昌先生'，以园主名字命名。杂交组合为杜鹃红山茶 × 红山茶品种'霍伯'（*C.azalea* × *C.japonica* cv.'Bob Hope'）

右：揽月阁所藏日本茶花专著，其内容反映出亚洲栽培茶花先于欧美

棕榈股份四季茶花新品种培育，已育成各色新品种数以百计，带来世界茶花育种的重大突破，填补了世界上无四季茶花园艺品种的空白，其未来 10 年全球市场独家商业开发权被广州棕科园艺以 2900 万元拍得。中国生物多样性保护与绿色发展基金会副理事长、北京植物园原园长张佐双教授表示："四季茶花新品种的出现，是中国茶花界的一大奇迹，棕榈股份将科研与市场完美结合，给全国各大园林企业及科研单位起着模范带头作用。"

为了在国内外推广应用包括山茶在内的众多中国专利园艺品种，及引入全球优良园艺品种，由棕榈股份牵头，于 2015 年组建了中国首家园艺新品种保护联盟——广东省园林植物创新促进会，笔者担任首届会长。

颐真园作为棕榈四季茶花新品种的珠三角宅园测试基地，每年从春至冬，不断有茶花品种适时盛放，装点着园内景色。中央电视台为此作了专题拍摄报道。

'夏日粉裙'　　　'夏日叠星'　　　'夏日七心'　　　'夏梦谢作'　　　'夏咏国色'

'夏日广场'　　　'夏梦文清'　　　'夏梦可娟'　　　'夏梦华林'　　　'夏梦衍平'

'夏风热浪'　　　'红屋积香'　　　'夏梦小旋'　　　抱星　　　黄绸缎

爽粉　　　抱香　　　揽月阁　　　玉粉楼　　　BXW-No.07

临水开放的茶花新品种

颐真园试种的四季茶花，在溪涧中与景石、水体形成自然式配置景观

四季茶花新品种'桂昌先生'

夏梦华林

由棕榈股份与西安植物园、深圳仙湖植物园共同繁育并开发的木兰新品种群，注册木兰新品种约 30 个。木兰新品种繁育始于 1993 年，由张寿洲指导，王玉玲博士具体负责而开展。在颐真园中测试的木兰新品种'红笑星'为庭园景观更增添了亮色。

'红笑星'玉兰，花色艳丽，花期长且落叶晚，可用做花坛、花境长效观花树种或盆栽观赏

'红金星'玉兰，株型紧凑，落叶晚，花大色艳，花期长，叶色浓绿，可作花坛布置或盆栽观赏

唐云 《玉兰》

题识：频炮庵摹周少谷法唐云记于灯下

钤印：唐云（白） 唐侠尘（白） 唐云之印（朱）

1515×410mm

四、揽月阁营造

揽月阁艺术馆，是颐真园中除住宅步云居外的主要建筑物，位于园址东面，入口右侧。馆名"揽月阁"来源于本馆馆藏"揽月"灵璧石，"揽"是揽胜、揽秀，"揽月"暗喻在本馆四楼平台可"摘星揽月"及"上九天揽月"，将多元文化、多元景观揽于园中；"揽"又同"览"，即"浏览""展览"，对本园的多元艺术，既可慢斟细嚼式品赏，也可作快速浏览；"揽"与"榄"同音，意与小榄有关，本园林所在地为中山小榄。此名获孟兆祯院士及吴劲章先生认同，孟先生还题写了"揽月阁"牌匾。

揽月阁是笔者会友、研习以及展陈藏品的艺术馆。对于发挥艺术文化展陈的启蒙功能，如中国国家博物馆等为首的官方机构，多年来一直起着主导作用；分布在全国各地的广大私人艺术馆也正在发挥越来越明显的补充作用。揽月阁在将来的某一天，也许可有限度地向公众开放。

揽月阁艺术馆的营造，涉及到典型的岭南传统古典工艺及材料20余项，包括木构建筑的榫卯结构、木雕（屏风、挂落、花罩）、灰塑、砖雕、石雕、蚝壳片（用生蚝壳打磨，压平，作为窗的透光嵌件）、琉璃花窗、传统陶土砖瓦及白土阶砖、彩色满洲玻璃花窗、铁艺工艺，以及水景、英石叠石造景、盆景等。

揽月阁的临街门采用车库卷闸门，自大门进入后右转便到内门，鉴于岭南天气潮湿需要通风去湿，采用了较通透的趟栊与门洞，其上设飘台形成骑楼。门洞左侧设计了满洲窗；右侧设计了"满月"状漏窗，透而不空，寓意"圆满"及作揽月阁的点题。门洞旁放置高近2.5米的白太湖石"瑞峰迎宾"，此石造型优美，不但具"云头雨脚"，还有"皱漏透瘦"的显著特点。

揽月阁手绘图（梁庆洲　绘）

正面刻字一款：揽月一枝堂

背面刻字三款：①排云。②桂轩。石庵，老桂山房。③晴空一鹤排云上，

灵璧石"揽月"

便引诗情到碧霄。录唐刘禹锡秋词。玉磬山房，停云馆

1. 旧建筑更新

揽月阁基址上，原有一处旧建筑，面积为 200 多平方米，建于十多年前，原作工人房、杂物房等，为了遵从低碳与资源节约的原则，在少拆、不拆的原则下进行全层保护性改造。对旧建筑原有二、三层的露台及玻璃窗进行了拆除和封闭。在室内展示空间区域不再设窗户，并选用适当设备以完善采光、通风和抽湿功能，故而更新后的建筑少受外界温湿变化的影响。经改造的旧建筑无缝对接新建的四层钢结构部分，形成混合建筑，建成后总面积约 500 平方米。全新的揽月阁项目采用能耗低的设备，为低碳环保作出了努力。

揽月阁改造前外观

揽月阁改造后外观

旧建筑的更新，是在充分评估建筑的安全性及满足消防的条件下将之合理利用，避免不必要的拆除，以减少资源的浪费；同时适度配置新的功能设施，做到满足使用需求的同时保持低碳环保。

在多数情况下，随着使用年限的延长，建筑的管理费用与维修费用对业主来说是不可忽视的因素。降低使用过程的长期维护成本，是我们在项目建设全过程中必须重视的。

1936 年完工，并被评为 20 世纪美国最伟大建筑之首的落水山庄，业主最初建造预算为 5 万美元，实际造价 15.5 万美元。业主考夫曼一家对待落水山庄呵护有加，光是油漆翻新就做过好几遍，采用的油漆也是特别定制的。落水山庄后来捐给州政府，由于外墙及上下露台出现下沉现象，于 1999 年启动大维修。维修完全忠实于原作，连地面石板也编号起挖，按原顺序重铺。维修费用共 1000 多万美元，其中盖茨捐赠 200 多万美元，美国国会特批拨款 200 多万美元，其余由公众捐款。由此可见，保护和延续建筑的生命是何等不容易。笔者于 2015 年专程前往参观，感慨良多。

在当下的产能大过剩时代，合理利用资源已成为现代建筑中最为迫切的要求。在人居环境建设项目中，应当注重选择低碳节能的技术手段，避免大拆大建，减少能耗以及污染和垃圾的产生，重视资源的再生和循环利用。最关键的就是要在设计阶段和建设中，应十分注重建筑的质量，要有"百年大计"的眼光。

坐落于美国宾夕法尼亚州的落水山庄（2015 年摄）

稳固的基础、合理的结构和材料，以及坚硬的外壳，是长寿建筑的保证。

为了与旧建筑楼层高度贯通，也为了不因新建筑跨度大至十米、导致承重梁太厚而影响室内净高，揽月阁新建筑采用钢结构，层高与旧建筑层高持平，新建筑面积约为300平方米。全屋采用与步云居同样的澳洲砂岩及轻质砖做外立面，使之与步云居建筑浑然一体，更与周边环境协调。室内空间着意适当裸露部分工字钢结构，以突出现代材料本色的装饰效果。为使新旧建筑有机连接，设计时每楼层高度一致，并注意做好伸缩缝及防水。新旧建筑之间每层都设置有门，外是厅堂，内是展陈室。

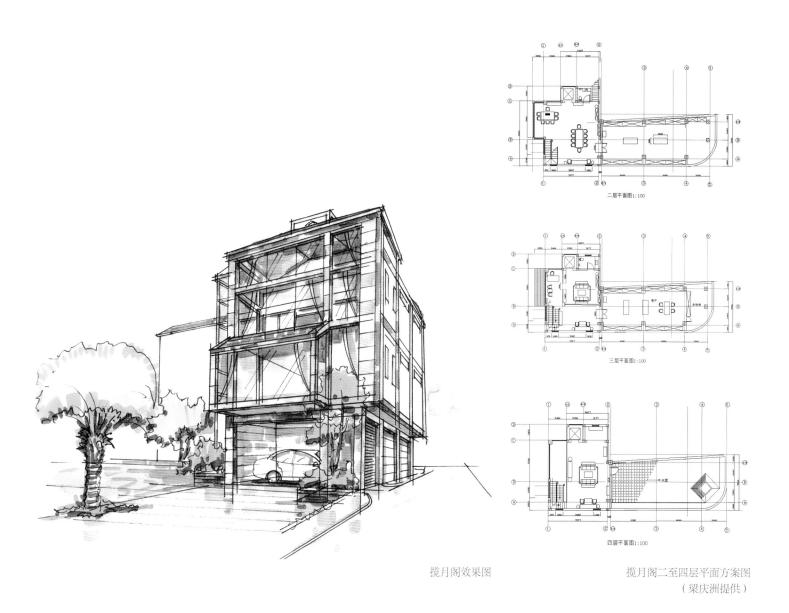

二层平面图1:100

三层平面图1:100

四层平面图1:100

揽月阁效果图

揽月阁二至四层平面方案图
（梁庆洲提供）

2. 钢构新建筑

以杜甫"香稻啄余鹦鹉粒"诗句命名的苏州晚清园林残粒园，1929年归属于画家吴待秋，现仍为吴氏后人居住。残粒园花园仅0.014公顷，面积如此之小，却是苏州古典园林、世界文化遗产项目之一（见62页）。

笔者对揽月阁项目的文化定位也是小而雅，空间营造讲究小巧雅致，既满足使用功能，又注意控制投资成本。

随着钢材及防水、防腐、防火、防雷等技术的成熟完善，建筑领域迎来一次次革命，建筑更具多元功能，建筑寿命的延长有了更多可能性。戈德伯格曾这样描述建筑："尽管建筑无法维持生命永久，但它能够赋予存在的生命以意义，它提供坚固的藏身所，让生命更美好。"坚固的建筑，须能给予生命更多的安全感。

揽月阁也是要做坚固的"百年建筑"。新建筑采用钢结构，对旧建筑加以改造并进行连接，保证其安全稳固，以有效抵御各种灾害，使较小的空间显得宽敞，满足建筑使用者的活动和艺术展陈，也达到延长建筑寿命的目标。

庭院视角的揽月阁

街道视角的揽月阁

茗台视角的揽月阁及其周边景观

3. 建筑外观

就建筑外观来看，揽月阁体型适中，有时代精神，雍容大度，并融合于周围民居而不突兀。要在较狭小的空间中营造出大气魄非易事，故利用前后进退，及水面、草地的开合，为建筑的布局及视距赢得空间，设计上做到体型端庄，门窗有规矩；外观高雅，不轻佻，不琐碎。宅相经得起中国风水学说的推敲，又为展陈的内部功能埋下伏笔。

考虑到展陈区无需自然采光和通风，揽月阁的旧建筑改造后取消了窗户，而在外墙加装了六个假木窗；在街口的建筑转角处，镶嵌一幅棕榈公司早年设计创意的大型棕榈砂岩浮雕，成为本馆具纪念意义的特色标志。

棕榈公司曾于2001年创办棕澳砂岩有限公司，经营澳洲海力顿砂岩石材，因而笔者对澳洲砂岩有一定认识。应用于本馆的澳洲砂岩，根据应用部位选择适当纹理，使之与梁柱走向相吻合，不致凌乱。对每块砂岩做了五面防水，并用密封胶做整体防水。这项工作得到澳洲华人刘德辉先生的大力协助。原建筑内的近十根承重柱，在展陈装饰设计中全部作了视觉虚化处理。从宜居考虑配置了芬兰通力电梯，增配了消防等一系列附加设施。

建筑外饰以木纹色及彩霞色的澳洲砂岩，作为建筑下部及柱梁构架的饰面，再配以米黄色（中和色）墙漆，坡屋顶配中灰色陶瓦或石瓦，一明一暗，显示建筑明丽的格调。

揽月阁的建造，总的来说是发挥岭南园林建筑"因借、几何、兼容、精巧"的造园文化特色，同时彰显笔者所在公司掌握的领先技术，及追求低碳环保、与自然和谐共生的理念。

揽月阁的骑楼及其假窗

揽月阁临街墙面镶嵌棕榈浮雕

揽月阁夜景

　　天台花园为后加，属于无心之得，是面积不足 50 平方米的微型花园，内设亭、台、矮墙，更利用余石堆成海上神山一组。园中植有罗汉松、米兰、广东含笑（紫叶）、日本紫藤，以及象征火炬手的苏铁等。

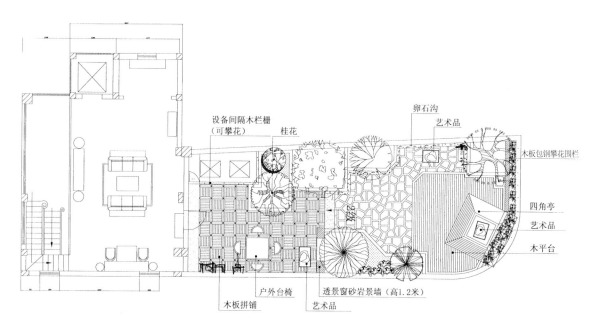

天台花园平面图（梁庆洲、麦洪峰提供）

天台花园东侧一瞥

天台花园手绘图（黎少棠作品）

天台花园实景

4. 室内空间

建筑以室内空间的应用实现其使用价值。人们常说建筑是一门艺术，但由于受实用的影响，身兼艺术家的建造者很难尽情发挥。这与绘画和雕塑不同，建筑既是艺术，是灵动和立体的艺术，但建筑空间更重要的是满足人的生活需求。

台湾建筑学者汉宝德指出，当代建筑包括了工程科学和设计科学，设计中应重视色彩、光线的运用。而德国思想家歌德说，建筑是凝固的音乐。英国丘吉尔说，人创造了环境，而环境则塑造人。为了营造诗意的建筑乐章，创造有相应文化氛围并能塑造人的空间，建筑中要力求体现古典传统文化，适当运用浪漫和童真风格，这对于提升建筑的品位十分必要。

揽月阁的室内空间，首先呼应建筑外观，其次结合各楼层的功能与特色。室内墙漆以米黄色为主色调，点缀红木屏风，地板采用柚木及仿古砖，并根据各层装饰格调设计吊顶。在有限的室内空间营造中，建造者潜意识地把握着以上种种，注重尺度、比例、节奏、韵律的变化，使"因借、几何、兼容、精巧"的岭南特色得到弘扬。

以下对各楼层分别介绍。

一楼中厅：多元合一，突显材料本色

一楼入口大堂，既是中厅又是车库，更有电梯和一楼展室（展室大门为中国红及雕凤装饰）入口。中厅从门洞或自动卷闸门进入，为展现材料本色，吊顶装饰显露钢结构与银灰锌铁板，别具匠心的钨钢镂雕花窗，多层雅石博古架，还有满洲窗等，都作为贯通各层全楼建筑形式的序幕，为呼应一至四楼各展厅的室内风格埋下伏笔，并将自然、时尚及传统元素等点缀并融合于其中。

一楼大厅（吊顶展现材料本色）

雕凤中国红木门

一楼展厅：新中式，体现乡土气韵

一层展室强调"接地气"，以轻快的新中式风格装修，顶部设计成"屋脊"或称"龙船"状，配以三个精巧的红灯笼。地面以仿古地砖铺成。展品包括木雕、油画、陶瓷、名石（含灵璧石和名人旧藏文化石）、秦砖汉瓦，以及陈逸飞、林永康、李正天、黄中羊、陈舫枝、梁欣基、谭德枝等人的作品。

一楼展厅效果

二楼中厅：南加州风格，借用新古典主义

二层中厅为主人接待宾客、品茶之所，选择"南加州 + 新中式"的装饰风格，新旧两处建筑的连接位置布置了书柜、橱柜以及消防梯等。

中厅面向庭院，以落地玻璃窗拉开了观景视线，使室内环境与颐真园庭园自然景观较完美地融为一体。

二楼中厅装饰配以油画，并结合会议需求安装了投影仪。为配合会议和简易就餐，配置了美式台椅、分菜台，设计定制了景德镇瓷质餐具。

因地制宜地利用楼梯下方及砖墙间隙，设置了储物间、书桌及陈列柜等，洗手间及紧急通道也巧妙设置于电梯间侧。

"南加州 + 新中式"风格二楼中厅

二楼中厅室内装饰

广阔视野，使室内外环境更融和

271

二楼中厅入口，在电梯间一侧设置了洗手间和紧急通道，简洁的墙身挂上欧洲油画做点缀，增加了展厅的空间感，明亮且大方。卫生间设计注重功能、安全和方便，选用欧洲瓷砖、日本厕具等材料，整体干净清新。

东侧是一套柚木组合柜，此多功能组合柜根据新旧建筑的接口空隙定做，并于现场加工安装完成。柜间嵌有整块大理石切割而成的分菜台，小巧简洁，方便操作。右侧

书柜，装有一假柜门，用作隐藏建筑的钢柱。景德镇定制的青花瓷餐具，装饰有鲜明生动的青花花纹。真是：白釉青花两炼成，花从釉里吐分明。

中厅西南角充分改装楼梯底转角位置，加设储物间、红酒柜、书柜、饰柜等。储物间内装有多媒体设备，满足工作和生活需求，实现使用空间最大化。书柜与饰柜品位优雅，复古大方，简约奢婉。

揽月阁定制景德镇青花餐具

卫生间设置

二楼中厅入口：①电梯间 ②洗手间 ③紧急通道

中厅东侧：①分菜台 ②显示屏 ③储物柜 ④书柜 ⑤书柜柜门（左侧门为假门）

楼梯角落：①储物柜 ②红酒柜 ③书柜 ④饰柜

三楼中厅：岭南传统风格

三楼中厅：岭南传统风格，雅致怡人

三楼中厅采用了余荫山房深柳堂的若干元素，通过变通并重新设计，将造型典雅优美的原作装饰风格发挥到淋漓尽致。厅中松鼠葡萄通花花罩栩栩如生，侧厢十二幅缅甸花梨木扇格画橱，珍藏着名人诗画书法的木雕屏风，与其他木刻精品构成琳琅满目、墨宝闪耀的古色古香之风格。整个室内装饰采用典型的岭南传统木结构，主要支撑结构木梁受力转移于钢结构上，意象的木枋或檩条构成屋顶结构。

为能达到原建筑的高度，运用优良硬木柚木作为骨架结构材料，采用燕尾榫结构连接，在檩条的两个方向上都开卯口，以兼顾同一点不同方向的受力，使装饰结构受力稳定。

在三楼中厅木结构装饰中，强调的是整体受力。除了考虑借用木材的延展力外，还借助将连续的榫卯合拢在一起，组成一个高强度的完美整体，由于榫卯富有韧性，不至于发生断裂。

三层厅堂的装饰风格基于岭南传统，又有所创新，做到多方兼顾，转折流畅，引人入胜，虽导入现代工艺，仍属传统中式设计。靠楼梯转角处采取中空、开顶、半夹层式设计，过道吊顶选用了具抽象花卉图案的彩色玻璃，既拓展了空间，又保证了透光效果。此构建属于岭南园林建筑装饰的创新，站立于此处可尽揽户外美景。其实，岭南园林在晚清引入彩色玻璃（满洲窗）时，并没有固定章法其只能作窗而不能作为吊顶。同时，此吊顶与对应的四楼上盖形成了精巧的"玻璃夹层"，拓展了美妙的展陈空间。

三楼楼道一隅

三楼中厅长案对椅等酸枝家具乃苏沪风格，其上的狮子等图案雕工精细，体现出岭南园林的"兼容"魅力。

木雕是颐真园最具代表性的艺术珍品。木雕作为广东的民间艺术，既能把厅堂装饰得富丽堂皇，又尽显淳朴大方之风。三楼厅堂内木雕创意来自广州余荫山房，为东阳木雕工艺师精工承造，所刻八仙宝器及花鸟栩栩如生，除双面镂空精雕"松鼠葡萄"花罩（挂落），还有多幅双面名家书法，可谓精工巧构；嵌于木雕画板的仿古花鸟画则为本地画家创作，具有浓郁的岭南气息，繁而不乱，自成一格。

为使木雕与原貌不差分毫，保留余荫山房的原汁原味，当年棕榈承建中国国家园林博物馆余荫山房的项目组特地去了中国木雕之乡——浙江东阳及磐安，考察传统木雕施工工艺，并邀请了有20年红木生产经验的厂长担纲制作。由于历史的原因，关于余荫山房的资料并不多，木雕工艺师必须根据测绘及设计图纸，在现场核实每一个木雕花饰形状及构件的尺寸并作画，同时用专业相机对木雕拍照，以1：1的比例打印出来对照施工，以保持原真性。经过两轮细雕，并核对实物后，笔者发现，制作中的木雕松鼠和葡萄不够逼真和生动，而书法也出现了笔锋不够洒脱、笔触无力等问题，这主要是测绘和拍照受光线和焦距影响而失真所致。于是将全部木雕屏风从东阳运至广州番禺余荫山房现场，邀请了广东省著名书画家现场指导鉴证，逐笔逐字核对每一处笔锋及细节。

三楼中厅木雕装饰：①木雕屏风画板既可装饰又能藏拙，其内部是多元的储物空间　②储物空间　③排气口

三楼古色古香的岭南风格室内布置方式

对"金色松鼠"的金箔贴金工艺，师傅们更是秉持了一贯的专业态度，使木雕作品趋于完美。结合堂前两壁古色古香的满洲窗和蚝壳片装饰，整个厅堂显得熠熠生辉。

关于此挂落的仿制，还有一则佳话：2012年4月，棕榈园林在国家园林博物馆仿建的余荫山房深柳堂建筑及木雕已基本完工，花木种植正在精心点缀中，令人难以置信的神奇现象出现了：一只浑身金灿灿的大松鼠于园西北入口闯入庭园，并直奔园中最高的2米造型景石下。在笔者有节奏的掌声中，金色松鼠再次出现，也许是为寻找同类，经池塘南沿飞跃向主入口，整个过程的目击者达10人之多，真是百思不得其解！试想，这是本园木雕花罩中栩栩如生的金色松鼠，引来了自然界中的同类金色精灵，向创建这一精品园的业主、承建者表达深深的情意。

揽月阁同一题材的金松鼠花罩，因制作于北京的仿建工程之后，故手艺更为精巧。附近巧设多个小柜及小仓库，柜门以木雕画板装饰，内为储物空间，柱位则以假门等藏拙。

三楼正厅：访菊堂

三、四层间楼梯转角

三楼北向正面：①电梯出入口　②大理石插屏　③卫生间门

　　三楼北侧是电梯门，门侧紧接着大理石插屏：天然大理石上呈现着长江第一湾的纹理，其与生俱来的质感和纹路，刻画出祖国山水的美丽印象。插屏之上悬挂着黎柱成的淡墨秋山写生。最右侧是卫生间门，其上悬挂镂雕木刻挂板，还配置有潮州金色木雕，整面墙与总体格调相协调。

三楼南向正面：①储物柜 ②仿古青砖墙 ③钢柱假门（西南角） ④仿古地砖 ⑤半柱

　　访菊堂为了更好地还原余荫山房深柳堂原貌，并巧妙利用揽月阁的有限空间，设计师用青砖片代替青砖砌墙，挂落与墙之间利用半柱固定，建筑钢柱也用装饰的柜门隐藏起来，整体更显精巧华美。设计中妥善安排收纳空间及安防、照明、供水、防盗、通风、冷气等设备与相关管线位置。

四楼中厅：现代几何式设计，功能融汇

四楼中厅是雅集之处，满足琴棋书画的不同功能，更是登高远眺所在。四楼中厅的玻璃夹层正是深化设计之得。初期设计是利用半层作琴棋书画处；中期深化将中线拉偏扩至大半层，而中柱也偏向梯间一侧；最后优化成全层利用。设计师提出，设计的变更可能会影响三楼采光，于是设玻璃夹层，下面为抽象花卉图案的彩色玻璃吊顶，中层为展陈层，上层为品茶休闲之处，同时在四楼天面增加了玻璃天窗。《丰子恺讲西洋建筑》这样写道："物质文明急速地进展，现在已经达到玻璃建筑的地步。我希望住在玻璃建筑里的人抬起头来看日月星辰的光，而注意于精神的文明。"这正是笔者的愿望。

通过巧妙地设计，使一至四楼均具品茗和展陈功能。

四楼品茗书画空间

四楼的装饰采取了现代几何线条式。从顶部天窗透进的日光，与室内意大利进口手工锻造玫瑰图案灯饰的柔和灯光，在不同时段内交替起主导作用，使室内光线有了奇幻的变化。

四楼一侧，设置了可供休息的罗汉床及棋台，安置了书柜，以及通往天台花园的门。

四楼，真的可以抬头遥望星空。

四楼琴棋书画厅

揽月阁二楼外望景观

步云居外望景观

揽月阁三楼过道外望景观

二至四楼展陈空间：风格简约，小中见大

空间设计参考了东莞、广州的美术馆，灯光配置则邀请了广东省博物馆的专家予以指导。

二楼起设四折楼梯，是电梯之外的室内生活通道，既显现了钢结构的特点，又在工字钢凹缝间镶嵌了明清园林和人物造型的木雕等饰件，实现中西合璧、古典与时尚的完美结合，堪似时光隧道。

将旧建筑内的近十条承重柱隐藏到墙体，并作空间分隔展墙，利用两侧墙面将书画悬挂陈列，再利用墙体下方及厅堂中间玻璃橱窗陈列杂件小品。整个展陈空间不大，但展示面积却不小。

时光隧道

二楼展厅：晚清时期辛亥革命主题藏品

展厅一角

5. 建筑光影与小品

光的活力在空间设置中备受重视。有人说，建筑是光线下的雕刻体，光影显示建筑的体量和形状，光线在一天中发生变化，更在阴晴雨雪的变换中产生变化。光的亮度、阴影、明暗对比，都会对建筑艺术效果及功能应用产生影响。油画家特别重视捕捉并善于利用光影效果，如伦勃朗。

揽月阁一楼中厅利用满月窗、门洞、趟栊及满洲窗等构建光影效果，钨钢镂雕及银灰色的中厅吊顶，也作为此厅对光影效果的呼应装饰。

二楼中厅飘台的落地玻璃，以及楼梯过道的玻璃窗，都是室内采光的来源。

三楼在楼梯过道上方饰有吊顶彩色玻璃，中厅内外透光木屏风也同样展现光影效果。

四楼在三楼彩色玻璃上盖配置有别具一格的陈列橱窗，顶部极富装饰效果的天窗，更是将光影展现得淋漓尽致。

全屋所选用的各类彩色玻璃灯饰，以及贝壳精制的土玻璃窗，则在古典与浪漫、传统与现代间找到了一种和谐与平衡。

揽月阁一楼满月窗自外望内（上）和自内望外（下）

门洞与趟栊式漏窗

一楼入口处配置的趟栊、满洲窗等，既对应于室外园林景观形成渗透和过渡，产生了特别的光影。岭南建筑元素的合理运用，令人印象深刻。

一楼中厅入口

揽月阁一楼设置的钨钢镂雕、中国红大门和博古架

满洲窗在广东也被称为彩色玻璃，是岭南园林建筑装饰材料之一，兼具地域性与时代性，至今仍具魅力。满洲窗是将颜色不一的玻璃镶在门窗、隔断格、横批上点缀成固定的窗，与室内外装饰形成强烈的对比。通过彩色玻璃眺望周围景物，有景色多变、步移景异、优美别致的感受，颇具世外桃源之意。颐真园的满洲窗，镶嵌彩色玻璃成花瓣状，由于玻璃颜色及光线明暗不同，站在室内透过彩色玻璃观窗外，如同看到春夏秋冬的不同景象。

满洲窗

楼顶彩色玻璃

时尚风格灯具

新中式灯具

欧式古典灯具展现的手工艺细节

岭南园林中常见的木雕、石雕（半柱石雕）、贝雕及中式家具等，合理地配置于揽月阁中，繁而不乱，自成一格，体现主人传承文化遗产、助推本土艺术发展的情怀，下面具体介绍岭南贝雕。

清末时期，古人为了能使大厅或走廊更加明亮，用生蚝壳打磨成薄片作为窗户的透光挂件来增强厅堂的光亮度。蚝壳片是广味十足的"土玻璃"。必须用个头大、质量好的蚝壳打磨成均匀的薄片，才能做成蚝壳窗。蚝壳窗具有一定透光性以及装饰性，同时可保持室内空间的私密性，是岭南园林建筑装饰的一个亮点，反映了岭南园林中海洋文化的特征。如今寻找大到可以用作窗的蚝壳难度很大；即使找到，经打磨过后，也难以达到要求的平面尺寸，因为蚝壳中心部分是类似半球型的，打磨过后的成型平面非常有限。本馆的蚝壳窗采用的是在江浙一带找到的蚝壳片挂件，在现有灯光科技的辅助下，透光和装饰效果令人惊叹。

古时岭南人以贝壳制作"土玻璃"，近代，大贝壳——砗磲更被制作为工艺美术品。随着资源日渐枯竭，海南省政府已出台禁止捕捞及交易砗磲的政令。

贝雕（土玻璃窗）

从海外回流的碎碟工艺品——自在观音坐像

贝雕窗与木屏风形成景墙

　　在对应三楼彩色玻璃的上盖与四楼地面之间，设置了两层各为 20 毫米厚的磨砂玻璃与平光玻璃，形成了中间的橱窗及储物空间夹层，展示海洋、森林及矿产资源等趣味元素，提醒参观者重视及保护自然资源。为避免玻璃透光使楼上活动的人"走光"尴尬，特意利用彩砂置于中层玻璃上。

　　四楼透光的屋顶，有贝聿铭作品的灵感，是一处巧妙而不失雅致的设计，使得较小的空间并不显得拥挤，同时满足多元功能的需求。

四楼展陈设计

地面夹层橱窗（中下格森林元素，左上格矿产元素，右上格棕榈种子和菩提子）

展示橱窗里的海洋生物

6. 项目建造回顾

笔者与吴劲章先生、赵强民先生在工地进行研究

二楼室内装饰施工

二楼飘台灌注混凝土

电梯间施工

施工中的新旧建筑连接处

顶层施工

施工中的步梯钢架　　　　　　　　　　　　　步梯木作施工中，吕晖先生与笔者在现场察看

淡墨秋山施工

安装满月窗　　　　　　　　　　溪流施工中　　　　　　　　　　揽月阁地基施工

7. 家具陈设

揽月阁的室内配置，有自福建古玩藏家手中购得的苏沪风格家具，同时选购了一些岭南风格旧家具，尤其喜得多款明清几架。在笔者走访日本及中国台湾地区期间，还得到了盆景名家小林国雄先生原藏的仿唐竹木几架，以及回流自台北的明代樟木北帝神像。岭南家具名匠、友人李念慈先生及叶瑞华先生，也在本馆家具的配置上给予了大力帮助。难得的是还得到了福建仙游著名家具厂精制的小叶紫檀宝座椅等多件。笔者于 1989 年主持设计的一组象征东西方文明对话的家具，也收藏在馆中。这些风格相异、但在揽月阁中融为一体的家具设置，也展现了岭南庭居兼容并蓄的风格。

本馆收藏的一些木雕，过去常作为家具或建筑的组成部分，所属年份则分别为明代或清代不等；各层厅堂的字画，除结合展陈内容布置，以及在一、二楼主要安排油画外，强化了花鸟、山水等围绕本项目主题的国画，以衬托岭南园林的山水花鸟特色，具体可见《揽月阁撷珍》上下辑。

此外，本馆还保存着孟兆祯院士启用的胡琴，还有纽约安思远旧藏的清初白瓷"骑狮的文殊菩萨"等。

厅堂中的苏沪风格长案、座椅及八仙桌

岭南风格八仙桌椅

大红酸枝座椅及几案

山水云石圆套桌

小叶紫檀宫座椅

大红酸枝琴台及凳

美式餐桌椅

潮州金漆屏风（清代　1600×1640）

梁柱装饰

梁垫

　　福建地区独有的建筑构件，垫于两根梁之间，因而称为梁垫。

　　以上一对木雕狮子，得于福建仙游藏家，为明末清初大宅中堂梁柱装饰物，雕工大气细致，难能可贵处是成对保留完好，极为少见。

人物雕旧木门楣

畅想

一、意韵

　　岭南园林地处亚热带地区，广纳世界各地植物及不同文化资材，善于传承本土文化，因而可以运用丰富的园林植物，营造出独特的植物景观。

　　颐真园建造者受中国山水文化的滋养，努力融汇古今，折衷中西，追求真善美，在园林营造中大胆创新和实践。孙筱祥先生最早提出并归纳了园林的"生境、画境、意境"三境界，分析园林艺术的意韵高下。下文试对颐真园从生境、画境、意境等三方面作分析。

1. 生境

　　岭南园林之生境，汲取名山大川精华，更得天然之趣而设林泉，虽由人作，宛自天成，构筑出生意盎然且生生不息的境界。陶渊明"桃花源记"即此人间乐土的真实写照。

　　颐真园吸收中国山水文化精华，利用景石、水体、植物营造林泉，尤其在植物运用方面下足功夫，既有"嘉木葱茏，老藤虬结，山茶四季，棕榈多姿"，还有意趣生动的溪流、瀑布及鱼池，故而"晨兴鸟唱，夜静虫吟""一池碧水，荷香鲤秀，平添无限生机"。充盈的绿量和丰沛的水体，将住宅等硬景加以软化，使全园融汇自然之趣及生活之美。

　　颐真园的生境，突出"颐"字，也即"观察、研究及保养元气"。

2. 画境

岭南园林的画境，是在怡然自乐的生境营造基础上，结合人在其中体验的生活美，通过艺术加工和空间剪裁获得。借鉴山水画的意韵之笔，在建造过程中对文化和创意加以提炼和取舍；以框景、借景和对景等手法创造园林的静态空间布局，同时通过道路、小桥等使人能在园中游赏，园林形成有分区、有联系、有主次和有呼应的动态序列艺术空间。

在"因借、几何、兼容、精巧"思想指导下，颐真园"袭传统风格，施现代工艺，渗时尚元素，治宜居宅园"。以建筑、植物构成主景和隔景，打造各组团景观尤其是植物群落的特色，充分利用不同建筑材料与园林细部设计，营建各具画意的园林小品和室内空间，使全园多元统一，小中见大，凡中显奇。

颐真园的画境，强调"真"字，即"真实，真诚，静息以养真"。

3. 意境

　　岭南园林的意境，重在形神情理的统一，虚实有无的协调，彼此相互渗透和制约。意境也是诗境，既生于意外，又蕴于象中，好比艺术加工后的近山远水、春风明月、曲径通幽等诗意感受，激发游园人美的感情、美的意愿和美的理想，并与造园者产生共鸣。

　　在营造生境及提炼画境的基础上，颐真园通过游客的触景生情，产生情景交融，让人在园中感受、领悟和意会，这也是文人园林的第三层境界：意境。

　　颐真园作为私家园林，注重唤醒游园者的意境感受，处在繁茂多姿的植物景观中，自然会由鸟语花香、万紫千红产生诗意；临近美妙的溪流鱼池，则引发小桥流水、湖光秋月的遐想。园中各类用于装饰的小品，既是园中不可或缺的元素，也是传承地方工艺和深化艺术启蒙的载体。岭南特有的灰塑、砖雕，舶来品铜雕等，都有寓知识性和趣味性于一体的作用。颐真园重视陶冶美的性情，培养美的品格，实为宅园建造的有益探索。

　　鉴于此，颐真园的意境可归纳为"情"字。

二、诗意栖居

先说东方"诗意栖居"。中华民族灿烂的五千年文化，给了我们无限的东方智慧。古代先贤子思、孟子首先提出"天"与"人"的关系，认为天有意志，人事是天意，天意能支配人事，人事能感动天意，由此两者合为一体；后由庄子阐述，并经汉代董仲舒发展为天人合一思想，构建了中华传统文化的主体。"天人合一"不仅是思想也是一种理想状态，认为物质与人、物质与物质之间是和谐统一的，天人本是合一的；人丧失了原来的天性，就会与环境不协调。将人性解放出来，重新回归自然，尊重客观规律，回归"万物与我为一"的境界。

下文从馆藏溥心畲《四景山水 书法》作品，引古论今，解读一下人与天、人与环境的关系。

溥心畲 《四景山水 书法》

钤印：溥儒之印（白）（4次）、溥儒长寿（白）（4次）、心畲书画（白）（4次）

图一 春水放扁舟（春景山水）

平静的江面，恬静无风，两岸是如斧峡谷，险峻峭削，营造高深之奇景，而农夫却悠然地撑篙划一叶扁舟。高山静水对比，画境平和，一派春意盎然的景象。

此图所配书法，前部分引自《礼记》，谓夏商周三代明君教导太子必以礼乐，长幼有序，讲究君臣父子之序，按年龄叙礼，以礼节作为社会规范。中间用《易经》，说明任用管钱物的官员，需谨慎监察其廉洁、奉公、公正的品行，这样的官员才可以主管分配和赏赐。后借《论语》及《礼记》，说明"七十而从心所欲，不逾矩"，即到七十岁才心想什么即做什么，与人融洽，符合道德规矩，按事物规律、法律准绳办事。

图二 风雨归舟急（夏景山水）

水墨浑化的画面，情景烟雨淋漓，云山渺渺，雾霭融融，水天一色，两条小船风雨兼程，在急流中穿梭似箭。

所配书法，前半段讲古代油灯的演变，借《尚书》说明好问则裕，谦受益，满招损，不争功，不诿过，这样虽愚钝仍可成事，更何况圣人呢。后借《诗经·大雅》及《曾子立事》说明，做小事如做大事一样，治家如同治国一样，处事虽要谨慎，但不可顾虑重重，成功的商人，虚怀若谷，必为君子。

其二曰將君我而與我齒讓何也曰有君在
則禮雖然而壞著於君居之藏也曰三曰
將君我而與我齒讓何也曰長長也此而
眾知長幼之節矣禮察統曰貴貴老而
其近於親也謙幼為甚近於子也
是以君子有絜矩之道也
大戴禮文王官人曰臨事而絜正者使是
易說卦傳曰齊也者言萬物之絜齊也
分財臨貨主貴賜論語曰七十而從心所
欲不踰矩孟子曰規矩方員之至也禮
至藻曰折還中矩禮往解曰規矩誠
守藏而治出入惟家而絜廉者使
設不可欺以方圓
所懸於上毋以使下所懸於下毋以從
前毋以先後所懸於後毋以從前所
顧以交於左而懸於右毋以交於
右此之謂絜矩

以能問於不能
書大禹謨曰汝惟
不矜天下莫與汝爭
能禮中庸曰夫婦之不肖可以能行焉
及其至雖聖人亦有所不能焉
以多問於寡
書仲虺之誥曰好問則裕易謙象曰地
中有山謙君子以裒多益寡稱物平施
詩大雅曰先民有言詢于芻蕘
有若無
大戴禮曾子立事曰事日備則未為備也
而易於慮存焉
實若虛
易威象曰山上有澤威君子以虛受人
大戴禮曾子制言曰良賈深藏如虛
君子

溥心畲（1896—1963），原名爱新觉罗·溥儒，满族，北京人，曾留学德国、游学日本，1924年与众画友创立"松风画会"，诗文书画，皆有成就。画工山水，兼擅人物、花卉及书法，与张大千有"南张北溥"之誉。山水画在传统法度严谨的基础上灵活变通，开创自家风范。溥心畲是中国传统画家中最富代表性的一位。他师法南宋和北宋，并能变化宋人的气质，以诗书文采来孵化山川之灵秀，化实为虚，使严谨的"北宗"画蕴含"文人画"的情怀，成为民国以来文人画的代表人物。

溥心畲的艺术创作继承了中国文人传统，他身体力行，认为学画必须先从学礼做起，正心修身，研究经学、饱读辞章，进而习字，然后再写画。如果本末倒置，画是根本写不好的。他曾说："画是表现人格、风骨和气度，如果人无可取，那么画还有可取之处吗？画所以可贵，是根据人品，人品好，画一定会好！"但如果不读书，缺乏怀抱，画也写不出来。溥心畲引用典故将书画、人品及环境结合在一起，描写了山川灵秀的意境，讨论了为政之道，将中华民族的文化智慧结合到栖居环境的建设中，强调必须避免逆天而行，突出了天人合一的中国人文精神。

由此推演，中国文人生存（栖居）的山水园林状态，是将修养、人品、志趣、情怀，以及环境等结合在一起，而这也是道法自然的理想境界。

图三 随波放扁舟（秋景山水）

画面为平远山水，有云林景致之意，秋高气爽，雁阵南飞，时值乡间收获的季节，两艘渔船停靠岸边，另一艘则随波漂荡，摇荡徐行，一动一静，构图可见奇思。

此段书法大意是：尧帝时洪水泛滥，民不聊生，尧派禹凿长江、黄河、淮河、汉江等江河，使洪涝疏导入海，"然后人得太平而居之"。禹后历代暴君不遵圣训，毁坏平民的房屋去建造供君主享乐的深池大湖，黎民无以安宁；大量耕地用以建造游玩和狩猎的官家园林，使平民得不到衣物粮食，邪恶和暴戾不断产生，荒芜的田地不断增加。禹后十七世夏桀，不率先王明德，荒耽于酒、淫泆于乐，昏政乱作，以民为虐。到了商纣更是荒淫无度，致天下大乱。幸后得周文王周武王治乱并平定诸侯，驱除猛兽于荒野，才使人民重归故土，休养生息。以上书法暗合当今的反腐整奢，以及生态治水和海绵城市等大政。此画是山水画境引历史典故讨论为政之道的范例。

图四 半江生白云（冬景山水）

画面上白雪皑皑，弯路回旋，山峦好似从烟江升起，云岚飘渺，树木凋零，幽静清冷，路人冒雪拉驴过桥，一端是低矮的草房，突出了肃穆、安详、圣洁的画境。

书法前部摘自《山海经》，大意是祭祀要有宫室、衣服、车马器械及人员等，未准备好就不可以祭祀；后文出自《山海经》及《诗经·小雅》，谓夏商周三代明君教导太子必以礼乐，如祭祀天地及先祖要隆重其事，不可等闲。必以创造功名财富才可祭祀，无财富则无力祭先人。

250mm×4

戌十有二日宮室不設不可以祭衣服
不備不可以祭車馬器械不備不可以
祭有司一人不備甚職不可以祭

惟士等無田則亦不祭
詩雅曰我秉與我攘我
倉既盈我庾億以酒食以享
以祀以妥以侑以介景福 天數禮三
本曰故有大夫士者事七世有國者事五

世有主桑之地者事三世有三桑之地者
事二世待事而食者不得立宗廟 禮
曲禮曰無田祿者不設祭器有田祿者
先為祭服 禮制曰大夫士宗廟之
祭有田則祭無田則薦

則不敢以燕
詩小雅曰諸寧君婦
廉徹不匱讒父
兄弟備言笑樂斯

燊後人得平土而居之
書大禹謨曰地平天成
芒芒禹敬下土方
暴君代作壞宮室以為汙池民多所安
書泰誓曰今商王受弗敬上天降災下
民沈酒冒色敢行暴虐罪人以族官人
以世惟宮室臺榭陂池侈服以殘害
于爾百姓
大戴禮少閒曰禹卑什

有七世乃有末孫桀即位无道
明德乃衰魏王酒淫洪于樂德昏政亂
作宮臺榭汙池以民為洿窈耀粒食之
民憎馬桀之又曰武丁卒崩殷德九
世乃有末孫紂即位不率先王之明德
乃上祖是愬行荒魏于酒淫洪于樂德
昏政亂作宮室高臺汙池土蔡以為
民農粒食之氏息然敬三

再说西方"诗意"生活，即生活充满理想。"诗意栖居"源自德国诗人荷尔德林的诗《人，诗意地栖居》。

当生命充满艰辛，人或许会仰天倾诉：我就欲如此这般？

诚然。只要良善和纯真尚与心灵同在，人就会不再尤怨地用神性度测自身。

神莫测而不可知？神如苍天彰明昭著？

我宁愿相信后者，神本人的尺规。

劬劳功烈，然而诗意地，人栖居在大地上。

我是否可以这般斗胆放言。

那满缀星辰的夜影，要比称为神明影像的人，更为明澈洁纯？

大地之上可有尺规？绝无。

诗篇中对于"诗意"的描绘平白易懂。再以揽月阁馆藏油画，亨利·莱巴斯克的《莫尔日里的休闲生活》加以解读，画作以大面积海面刻画诗化的海边自然环境，背向的女子被画家刻意放在边缘的两根柱之间。作者在画面上运用强烈的明暗色彩对比，描述了伊甸园式的环境；通过人物远望大海、宽松的衣服和赤裸的双脚，呈现了轻松舒适的环境感受。

诗意栖居，是在西方伊甸园式环境里栖居的愿景，是与自然和谐相处的生存状态。诗意地栖居，是游居于宁静的山野和优雅的园林，或在居住的高楼远望群山，寻找自然灵秀之美以及心灵的归属，体悟情感的愉悦。这时，人与自然、建筑是融合的，居所是富有归属感和激情的。栖居成为诗意的体验，兼具实用功能和精神境界的美学颐养。

希腊人安东尼·C·安东尼亚德斯在《建筑诗学与设计理论》中写道："自然从诗人笔下流淌出来，在每个诗人的作品中都能看到它的身影。任何显得'真实'的事物，都是以它的名义（'自然的''自然主义的'）存在；它是情感、情绪以及时空光环的源头。自然激发的许多情感都是无形的；自然元素的色彩、群山和天空、云朵滤过的光线、月亮和夕阳，都昭示了时光的流逝，分秒的变换。所有这些都是不可捉摸的，人们可以通过观察，或者因为受到有形自然元素（群山、天空、大海、山谷、动物、有机物）的影响，而感觉到它们的存在。"以上说明，自然的元素对于人居环境是何等的重要。

715×590mm

亨利·莱巴斯克（Henri Lebasque） 《莫尔日里的休闲生活》

　　亨利·莱巴斯克（1865—1937），法国后印象派、野兽派画家。后印象派尊重印象派光与色的成就，主张抒发作者的自我感受和情绪，强调艺术形象异于生活物象，用作者的主观感情去改造客观生活的物象，表现"主观化了的客观"，即艺术来源于生活又高于生活。后印象画派对现代诸流派发展产生了重大影响。

刘管平　马鞍岭民居

题识：浙江雁荡山　大龙湫马鞍岭民居

　　管平　1986.5.16

钤印：平

　　刘管平，广东大埔县人，华南理工大学建筑系教授、博士生导师、中国城市规划学会理事、中国风景园林学会终身成就奖获得者、中国园林规划设计专业委员会委员、广东园林学会理事、广东省土建学会常务理事。

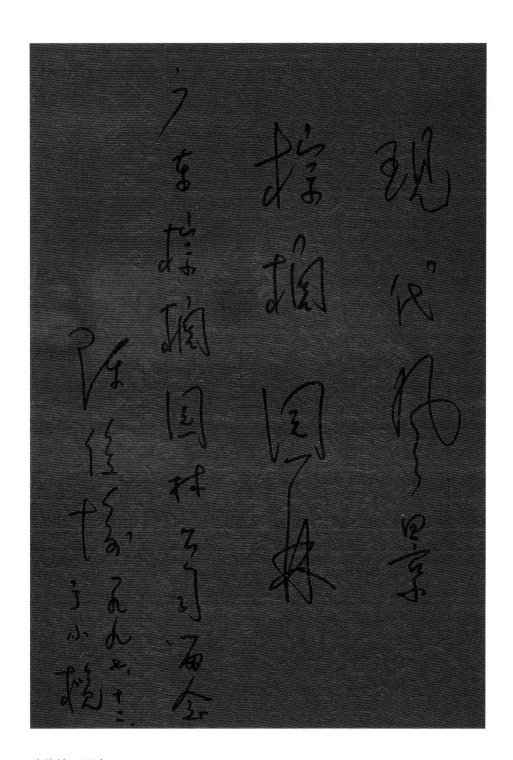

陈俊愉　题字

现代风景，棕榈园林

广东棕榈园林公司留念

陈俊愉　一九九七.十二于小榄

　　陈俊愉，园林学家、园艺教育家、花卉专家。北京林业大学园林学院教授、中国园艺学会副理事长、中国花协梅花蜡梅分会会长及梅国际登录权威(IRA)，中国工程院资深院士。首届中国风景园林终身成就奖及中国观赏园艺终身成就奖获得者。

中国山水园林与西方的诗意栖居，都是将思想哲理转化为诗情画意，通过描述美好的生活体现对人的关怀，是艺术启蒙，是润物细无声的情景再现，是人类智慧的闪光和艺术灵魂的呼唤，是美的追求和体现。与人性不协调的环境会令人生厌，建筑、环境及人的融合，乃是人类生活的理想状态。

物理学家李政道曾说，科学与艺术不可分，智慧和情感能达至完美意境，他认为，科学和艺术都追求深刻性、普遍性、永恒和富有意义。园林建筑作为人类居所或家园，追求美观、坚固、实用，这会是永恒的主题。我们可以用科学家探索自然客观规律的方法，以人类的思维和实验，去发现和归纳人与自然的内在关联，并以创造力和艺术手法使之完善地表达出来。建筑，属于科学与艺术的结晶。

颐真园揽月阁探求自然、科学与艺术的结合。作为美丽中国和生态文明的实践，其设计营造重视人与环境的关系，重视建筑与环境的关系，联系着生态保护、低碳海绵城市等生态理念。同时，遵循人的理性和情感，营造诗意栖居，在科学、实用和文化中寻找平衡，在感性设计上强调欣赏性，重视使用者的感受。设计中的理性和情感，将随着建筑的使用和岁月推移，产生碰撞并日益相融。在创造宜居和诗意环境中，颐真园做出了自己的选择和尝试。

著名博物馆（或场馆）与本项目建造费用比对

馆名	建筑面积（m²）	造价（元/m²）	备注
首都博物馆新馆	64000	0.8万	
美国国家博物馆东馆	14000	6700美元	贝聿铭设计
苏州博物馆新馆	15000	2.2万	贝聿铭设计，常规展品1160件（组）
北京水立方	80000	1.3万	
国家大剧院	165000	1.7万	
揽月阁艺术馆	500	1.3万	常展作品约500件（组），小中见大

颐真园拾趣

笔者父母在颐真园中的日常生活（父亲于 2018 年 3 月 22 日仙逝）

孟兆祯，风景园林规划与设计教育家，中国工程院院士，北京林业大学教授。获得首届中国风景园林学会终身成就奖。

孟兆祯院士一行到访颐真园

孟兆祯，风景园林规划与设计教育家，中国工程院院士，北京林业大学教授。获得首届中国风景园林学会终身成就奖 。

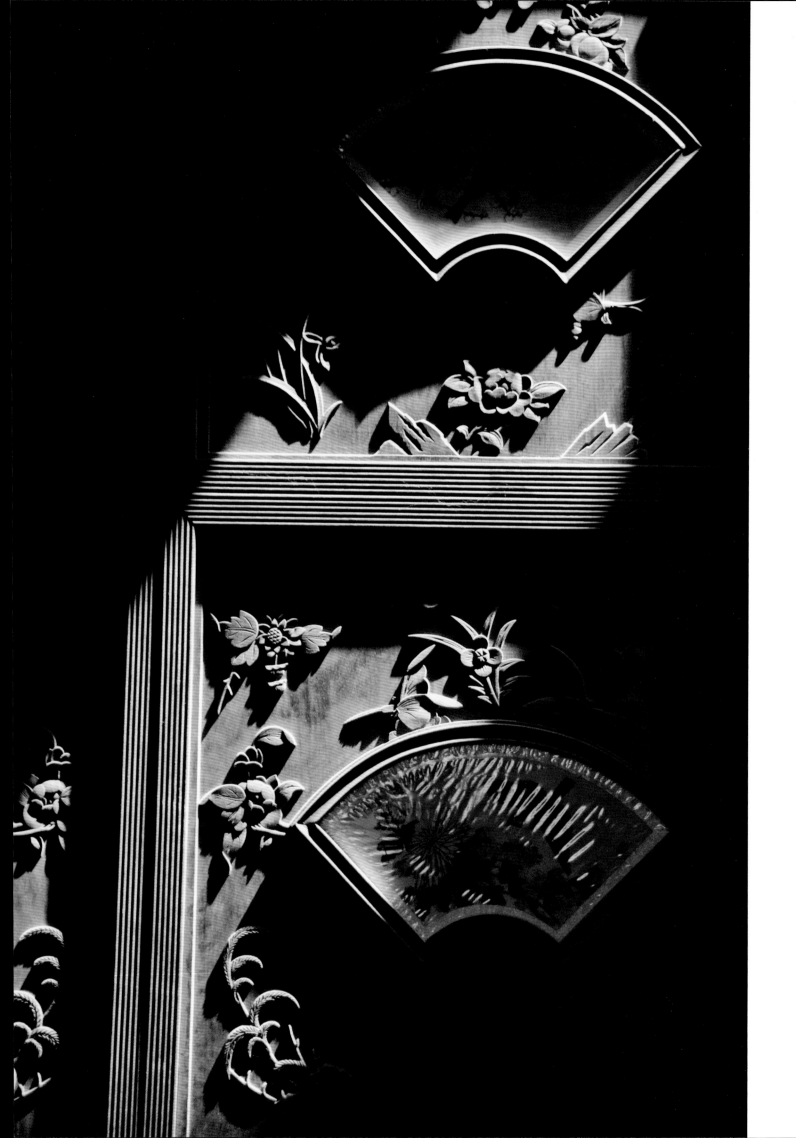

棕榈园林股份有限公司的发展历程

棕榈园林股份有限公司成立于 1984 年。目前，已是一家以园林研发为支撑，集园林工程施工、风景园林景观设计、园林苗木产销文一体，市值近百亿的园林上市企业。棕榈园林公司的成长，离不开陈俊愉先生 20 多年前的一个善举和之后不断的关心和支持。

1981 年春，笔者在读农学专业，深感未来城市发展对于园林绿化的迫切需求，故向北京林学院城市及居民区绿化系请求函授或购买一套教材。不久，与陈俊愉素不相识的笔者收到了北京林学院自编的整套新教材，其中还夹着陈先生的亲笔回信。陈先生在信中介绍了当时国内园林植物、园林规划设计学科刚恢复和起步的情况，尤其是谈到当时园林设计资料奇缺，鼓励笔者边工作边注意收集积累。正是陈俊愉的帮助和引导，把笔者引向了园林行业。

大专毕业后，笔者到我国第一个中外合资的长江旅游区工作，后来又开始了艰苦的棕榈园林创业，1995 年，笔者携夫人，北京林学院的弟子马娟拜访了陈俊愉，以及苏雪痕、张启翔、全海和李雄等老师。在此期间，棕榈园林已组建了自己的植物研究所，并从国内外引种园林植物，开展了棕榈科植物的引种驯化工作。

1997 年 12 月，80 高龄的陈先生，及同来的俞善福等考察了棕榈园林在中山的苗木基地。详细了解了棕榈园林的发展状况，尤其是棕榈科植物引种、筛选、驯化和应用前景，给予了很高的评价，并为之题词："现代风景，棕榈园林"。

1999 年，棕榈园林承担了广东省参展 99'昆明世博会的作品"粤晖园"的绿化任务，作品获得了总分第一名的好成绩；2000 年，笔者与现任总裁赖国传到北京林业大学，一举招聘了邓代明、黄志纲等多名品学兼优的北林学子；同年，我司提议并承办了"棕榈杯"首届全国大学生园林设计大赛；2002 年起，棕榈园林开始在全国相关高等院校颁发"棕榈园林专业奖学金"，而北林一直是棕榈园林助奖人数最多的大学；2004 年，笔者应张启翔教授邀请，在北林做了"人才成长与企业发展需求"的专题报告。

2009 年 2 月，笔者（左二）陪同陈俊愉院士参观指导棕榈园林上海苗木基地

2006 年，棕榈园林提议并在广州承办了全国园林植物科技"产学研"交流联谊会，得到以北林为首的全国高校及研究院所相关学者专家的积极响应；同年，受甘伟林常务副理事长推荐，在北林召开的中国风景园林学会教育分会年会上，作为全国园林企业的唯一代表，笔者作"从园林企业角度探讨风景园林人才培养"报告，得到陈俊愉等专家的鼓励与认可。而今，笔者还作为全国唯一的企业代表，兼任了中国风景园林专业硕士学位教育指导委员会委员，并获得国务院政府特殊津贴。

2009 年笔者（右二）、大华清水湾孟明宇生生（左二）等陪同陈俊愉院士（前）参观棕榈园林大华清水湾项目

在棕榈园林的成长中，陈俊愉先生还亲自或让他的学生到棕榈园林的基地和工程项目考察指导。近年来，笔者分别与多位北林学子多次到陈先生家拜访，每次见面都有获益。2008年，陈先生请棕榈园林给他提供一些原产于寒冷地区的棕榈种子以供科研用，笔者从韩国以及欧洲分别给他带回了一些种子和种苗，陈先生非常高兴。

2009年2月，全国梅花年会在上海召开，陈俊愉先生受邀考察棕榈园林上海苗木基地和上海大华清水湾工程项目，陈俊愉先生及夫人杨先生冒着雨雪兴高采烈地参观指导，陈先生对棕榈园林20多年来专注于棕榈科植物引种和应用，尤其是耐寒种类方面的成就给予肯定。得知棕榈科植物成功落户华东的成果荣获广东省科技进步一等奖等，陈先生显得十分欣慰。他还十分冷静地告诫笔者，外来园林植物引种切莫急功近利。他说，木本植物引种成功与否要看20年，华东地区引种棕榈科植物则要看30年。陈先生本人引自西安、种于北京林大幼儿园，已30年树龄的棕榈，虽在小气候中并植成丛状，且已长高近3m，仍未能在2011年春寒中幸免于寒害。陈先生说，北京地区引种棕榈的观察期要50年！

2010年春，笔者（左一）一行拜访陈俊愉（左二）

随着业务走向全国，陈俊愉先生多次向棕榈园林提出，棕榈园林要带头在园林设计中推广使用植物拉丁名，并大力应用园艺品种，要求在园林工程中发挥生物多样性、生态多样性的作用。陈先生对科技创新方向尤为关切，对棕榈团队在木兰科、山茶科等方向的新品种选育工作大加赞许。他说，观赏植物中木本植物育种难度不小，周期也特别长，需要一代人乃至几代人的努力。虽然我国有着丰富的育种原始资源，但育种长期落后于欧美日园艺发达国家，这是不争的事实。"谁掌握资源，谁就掌握未来"。可是，让资源沉睡在大山深处，那未来的曙光是不会露现的，他鼓励园林人将研究工作分先后，突出重点，深入专攻，持之以恒。事实上，棕榈团队开发的四季开花的山茶科新品种，就结合了观赏、耐寒、耐曝晒等优点，在茶花方面的研究已经走在了国际的前列，棕榈园林培育出的四季红山茶常年开花，填补了茶花夏天不开花的空白，引起了国际茶花界的轰动，棕榈园林茶花研发团队的高继银教授还获得了国际茶花协会颁发的主席勋章。木兰科植物新品种更有着广泛地域的适应能力，这些都切合了陈先生的育种指导思想。

博学广闻的陈俊愉先生要求棕榈团队瞄准世界先进水平，他认为海棠类植物是我国的传统名木，我国种质资源丰富，育种易出成果，而且在园林应用上前景广阔。陈先生要求棕榈人重视抗病虫害品种的选育，注意中国气候下的特色植物，特别是重视湖北海棠耐热粗生的基因。陈先生对棕榈团队跨地区的大规模园林植物引种、筛选、应用工程也给予了热情指导。陈先生提出我国要合理地大量引进国外园林园艺机械等先进设备和技术，提升我国良种良法上的生产技术水平；要产学研合作，共同开展全国性的园林工程与生态保护科技创新；高校、企业要参与国家相关法律法规的顶层设计；要掌握科研前沿新动向，争取国家政策扶持，这些观点为棕榈园林的实践运作提供了具体可行的指导。

2011年，孟兆祯院士夫妇在考察棕榈园林广东研发基地时提议，棕榈公司应尽快编辑《棕榈园林群芳谱》，以收录棕榈园林在引种和应用上成绩显著的乡土植物、首先引种、驯化、应用的外来新优园林植物和自主研发的新优品种。此事经向陈俊愉先生征询，得到高度认可，并欣然于2012年3月底为此作题写了书名。

陈俊愉先生除了对棕榈园林的企业发展起到了引导作用，对棕榈园林所在地的城镇发展，也具有一定的影响。

1997 年，陈先生来到中山，得知小榄镇是全国著名的花乡，特地向笔者提出要见镇领导。在与镇领导交流的近 3 个小时中，陈先生兴致勃勃地倾听，不时提出个人见解，不但对地区园林花卉行业发展前景给予厚望，同时也在诸如充分利用地方资源等方面提出了积极的建议。小榄镇后来被评为"中国花木之乡""全国造林绿化百佳镇"，还被誉为"中国菊花文化艺术之乡"。

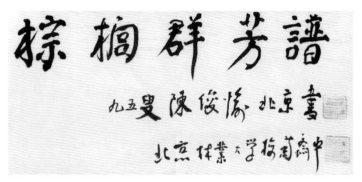

陈俊愉院士亲笔题字——"棕榈群芳谱"

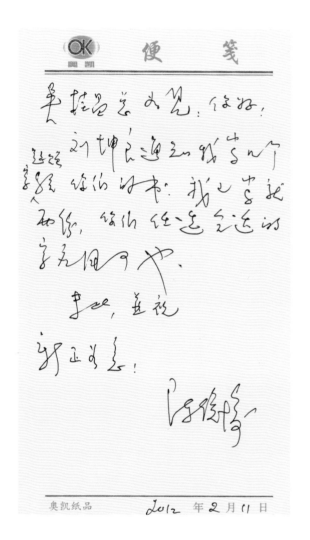

2012 年陈俊愉给笔者的一封信

吴桂昌总如见：你好！

刘坤良通知我写几个字题赠给你们的书，我已写就两份。你们任选合适的字应用可也！

专此，并祝：

新正如意！

陈俊愉

2012 年 2 月 11 日

1952 年，朱钧珍从清华大学和中国农业大学联合创办的园林专业毕业后留在清华大学任教，此后，又在原建筑工程部的建筑科学研究院工作。1979 年，调回清华大学建筑学院城市规划专业教授园林课程，直至退休移居香港。她曾经担任香港大学的兼职教授，还出版了《香港园林》和《香港寺观园林景观》两本书。其中《香港园林》一书是我国首部研究香港园林的专著，被香港多家报刊誉为做出了"拓荒性贡献"。朱钧珍是《中国大百科全书》（园林卷）的副主编。她撰写的《香港寺观园林景观》《中国的亭子》（英文版）《中国园林植物景观艺术》《园林水景设计的传承理念》4 部书先后出版，多年的实践和积累不断结出硕果。很多出版社的编辑都说她写文章快，思维敏捷，而这源于她对园林绿化事业的执着追求。

《中国园林植物景观艺术》就是她积累多年最终付梓的著作。1962 年，原建筑工程部建筑科学院组织研究"杭州园林植物配置"课题，朱钧珍和同事们开始投入了艰苦的调查工作。她经常一年中有八个月是在外考察调研；但课题由于"文革"中断了。1981 年，《杭州园林植物配置》出版，这本书从"植物空间"的角度来阐述"人和植物的关系"，在当时的园林界是一种突破，受到了广泛好评；外文出版社将其译成 Chinese landscape gardening 出版。2003 年 7 月，在中国建筑工业出版社的支持下，她又对这个课题做了进一步的研究，在原书的基础上出版了《中国园林植物景观艺术》。1981 年，求学中的笔者得到朱先生的长篇回信鼓励，同期还收到了朱先生寄来的《杭州园林植物配置》。1994 年，创业稍成的笔者随省代表团赴港，第一次见到当时受聘于港大和李嘉诚的长江实业集团的朱先生；之后还有多次见面都是在匆忙中，但每次都能感受到她那诲人不倦的精神。去年朱先生痛快地答应到颐真园指导，这亦是笔者向老师汇报的机会，这次见面更是获益深厚，从她的身上，我了解到真正有学问的人应当是虚怀若谷的。

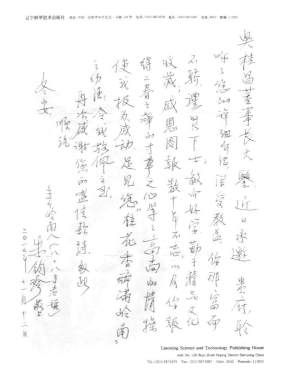

朱钧珍　信札

吴桂昌董事长大鉴。近日承邀贵府，聆听了您的详细介绍，深受教益，你那 富而不骄，礼贤下士，敏而好学，勤于精品文化收藏，感恩 图报数十年不忘，以及你报得三春之晖的寸草之心等等高尚的情操使我极为感动，足见您"桂花香醉满岭南"之功法，令我敬佩之至。

再次感谢您的盛情款待。

匆此　顺祝

冬安！

半个岭南人（八十八岁老妪）

朱钧珍敬上

二〇一七年十一月十二日

朱钧珍，曾在清华大学建筑系、中国建筑科学院、香港大学建筑系等单位任教授、工程师等职。先后任中国风景园林学会理事、学术委员、名誉理事、顾问等职。首届中国风景园林终身成就奖获得者。

题　赠

周在春　题字

天地桂香，棕榈昌盛

周在春　敬启，二〇一四.六.九

　　周在春，教授级高级工程师。毕业于北京林学院园林系，从事风景园林规划设计工作 40 余年，曾任上海市园林设计院院长。为上海市园林规划设计学科带头人、中国风景园林设计协会副理事长，中国风景园林终身成就奖获得者。

张佐双　留言

棕榈园林硕果累累，为民造福为国争光

张佐双 2015.5.10

　　张佐双，北京植物园原园长，中国植物学会迁地保育专业委员会主任，中国植物学会植物园分会理事长，中国植物学会兰花分会副会长，中国野生植物保护协会兰花保育委员会副会长，国际植物园协会亚洲地区分会理事，中国公园协会植物园委员会主任，中国花卉协会月季分会理事长，中国园艺学会常务理事。

吴劲章　留言

亲朋共揽月，友情节节高

吴劲章　彩玲　2014.2.15

　　吴劲章，广东梅州人，高级工程师，中国风景园林终身成就奖获得者。曾任广州市园林建筑规划设计院院长、广州市市政园林局巡视员，广州市城市绿地系统规划办公室主任，兼任中国公园协会副会长，中国风景园林学会常务理事，广东园林学会副理事长，《广东园林》杂志副主编。

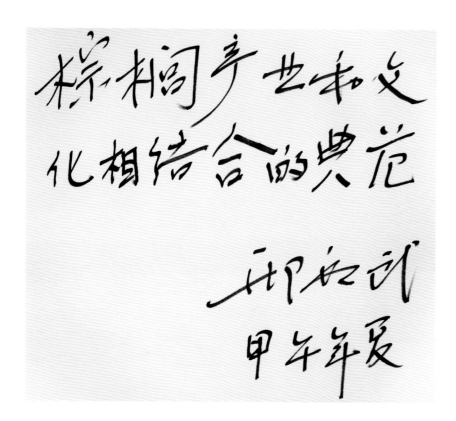

邢福武　留言

棕榈产业和文化相结合的典范

邢福武　甲午年夏

　　邢福武，中国花卉协会蕨类分会副会长、IUCN 物种保存委员会中国专家组成员、中国野生植物保护协会理事、中国南方棕榈协会理事长、广东省植物学会常务理事、全国优秀科技工作者。

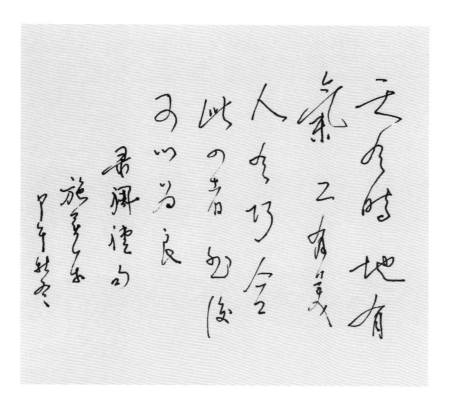

施奠东　留言

天有时，地有气，工有美，人有巧，合此四者，然后可以为良。录周礼句。

施奠东　甲午新冬

　　施奠东，著名风景园林专家，中国风景园林学会终身成就奖获得者。建设部风景名胜专家顾问，中国风景园林学会顾问，浙江省风景园林学会名誉理事长，杭州市城市规划专家咨询委员会委员。曾任杭州市园林文物局局长、总工程师，中国风景园林学会副理事长。

黎少棠　绘作

吴劲章　陈晓丽　彭承宜　题名

陈晓丽，原建设部规划司司长、总规划师，中国风景园林学会理事长，全国城市规划职业制度管理委员会常务主任。

彭承宜，广东园林学会常务副理事长兼秘书长。

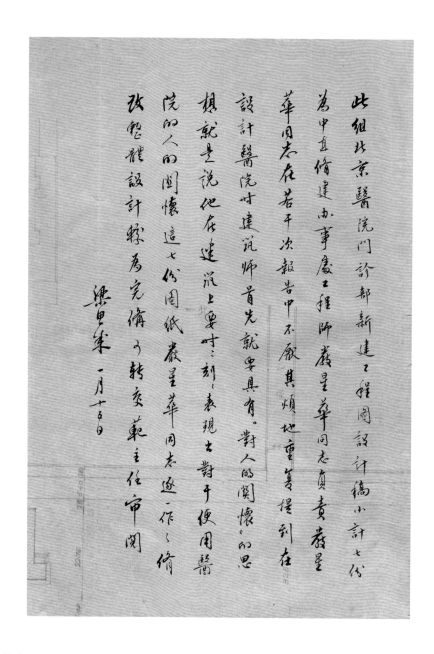

梁思成　工程图设计稿及批文

梁思成在工程设计图上的审批手稿，全文："此组北京医院门诊部新建工程图设计稿小计七份，为中直修建办事处工程师严星华同志负责。严星华同志在若干次报告中不厌其烦地重复提到，在设计医院时，建筑师首先就要具有'对人的关怀'的思想，就是说，他在建筑上要时时刻刻表现出对于使用医院的人的关怀。这七份图纸，严星华同志逐一作了修改，整体设计较为完备，可转交范主任审阅。梁思成一月十五日。"

北京医院始初建于1905年，大约于1950年进行改建。批文核心是建筑设计者要以人为主，要尊重并方便医院使用者，体现人性关怀。这与梁先生一向所倡导的建筑设计理念是一致的。

梁思成（1901—1972），籍贯广东新会，梁启超之子，生于东京，毕生致力于中国古建筑的研究和保护，是建筑历史学家、教育家和建筑师，中国现代建筑学的奠基人之一，清华建筑学系的创立者。在他带领下进行的 "中国古代建筑

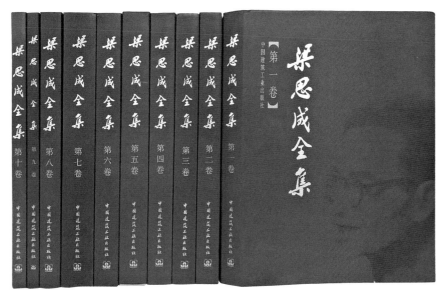

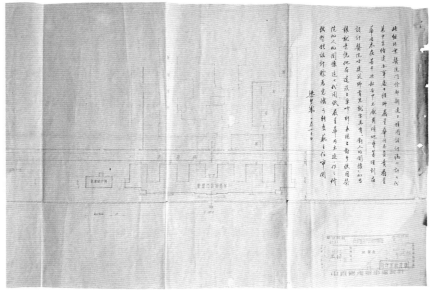

理论及文物建筑保护的研究"获国家自然科学奖一等奖。梁思成曾任中央研究院院士（1948年）、中国科学院哲学社会科学学部委员。他主张保护北京旧城、古建筑和城墙，认为旧城内不要发展工业。梁思成在二战时期曾向美军建言，为保护人类文明，不要轰炸京都和奈良。梁思成的夫人林徽因也是著名建筑师，民国著名才女，诗人、作家，在建筑领域贡献良多。他们共同设计了中华人民共和国国徽和人民英雄纪念碑。

1999年，国家建设部门设立"梁思成建筑奖"，对杰出中国建筑师授予最高荣誉奖。笔者与广大同行，在古建筑的保护和当代园林建筑的建设上深受梁思成影响。

一座建筑是否适合，主要是问宅园主人成使用者。这既是梁思成"对人的关怀"的思想，也是颐真园项目的观点。谨以此作为本书的小结。

跋

　　《颐真园》书系付梓在即，颐真园园主、同道老友吴桂昌先生嘱我写点文字，我既感到荣幸，又感到惭愧，因为自此书开始编著，老友就约我写此文字，而今已近三年，到今日才交卷。

　　我有幸多次到访颐真园，游目驰怀，沉浸其中，心中欢喜，为老友有这一处孝敬父母、聚亲会友、交流鉴赏、修心养性的园林，备感高兴。关于颐真园的意境、设计和营造，有风景园林老前辈孟兆祯院士题为"棕茂金桂盛，业兴人文昌"的序言，点评非常全面而精到，又有道友东南大学成玉宁教授的精彩序言，我完全赞同孟院士和成教授对颐真园的评价。

　　我与吴桂昌先生相识超过20年，缘分不浅。1990年代初，我还在北京林业大学攻读博士学位，就已经在《中国花卉报》等相关行业媒体上，多次看到有关棕榈苗圃和棕榈园林的新闻报道和相关信息，因而非常关注棕榈园林。1993年8月毕业后我到杭州园林文物管理局所属杭州花圃工作，大约在11月份看到《中国花卉报》上刊登棕榈园林招聘人才的广告，特意将其剪下，建议北林学妹马娟前去广东中山小榄应聘，无意中成就一桩美好姻缘。1999年底参观昆明世界园艺博览会，以棕榈园林为主承建的广东粤晖园令人流连忘返，乐而忘倦。1999—2002年期间，我曾多次到中山小榄的棕榈苗圃考察学习，当时，棕榈苗圃在园林植物引种、品种选育、现代园林苗圃技术等方面已经处于国内前列，为高水平的园林绿化建设奠定了最重要的物质基础。之后几年在虹越花卉等机构组织的现代园林苗圃系列培训中，我经常拿棕榈苗圃作经典案例分析，受到广泛欢迎。2002年初，我与东方园林技术和管理骨干一起考察观摩了棕榈园林承建的广州翠湖山庄园林景观，令人大开眼界，印象非常深刻。此后，与老吴见面和交流的机会越来越多，有幸见证了棕榈公司的发展、壮大和转型，有幸见证了颐真园的建园过程和《颐真园》书系的成书过程，也更加深入地了解了老吴。人们常说，"文如其人"，同样"园如其人"，看颐真园，就是看到老吴了！

　　到访过颐真园的人都知道，颐真园给人感觉非常雅致而舒适，总体上给人"刚刚好"的感受，不追求奢华，也没有奇绝的山峰或景致，就像老吴的为人，谦虚冲和，交往中令人轻松愉快。园中花草树木种类非常丰富，棕榈科植物自不必说，那是老吴和棕榈园林的看家本领；还有树形优美、起源自恐龙时代的树蕨；有美丽的木兰和山茶品种，其中很多是棕榈公司自己选育的新品种，不知栽植了茶花新品'马娟女士和桂昌先生'没有？还有牡丹樱和美人梅，水池中有荷花和睡莲，后院有枇杷、番木瓜、澳洲坚果、人心果、番荔枝、石榴、阳桃和龙眼，四季花开不断，各种水果着实不少！有一次，我收到从广东寄来的一个快件，原来是颐真园中那棵九洲基龙眼大丰收，老吴快递了一大箱龙眼到杭州，味道好极了！老吴非常注重优秀传统文化的传承和地域特色的体现，传统工艺如砖雕、灰塑、木雕等都在颐真园中有恰当的运用。

　　颐真园中有一景，名"淡墨秋山"，取宋代米芾山水画画意，我认为是场地优化运用的神来之笔。有一次，我提出"淡墨秋山"配置的灌木体量似乎过大，形态过于肥硕，画面不够协调，没想到，老吴听完，二话不说，拿起剪子，远观近察，前后腾挪，上下修剪，大约30分钟，修整好了！老吴的一大特点就是实干，说干就干，绝不拖延，执行力很强。现在，犯拖延症的人很多，很难克服，包括我自己。说来有趣，只要拖延症一犯，我脑际就会闪现"淡墨秋山"，闪现老吴的身影，提醒我不要拖延，向老吴学习！

　　清代张潮《幽梦影》载："文章是案头之山水，山水乃地上之文章"，我要说，颐真园是老吴的山水和文章，不知老吴和诸君以为然否？

　　衷心祝愿颐真园和棕榈园林生生不息！

　　祝贺《颐真园》书系付梓出版！

学弟包志毅谨记

于杭州西溪诚园

2018 年 11 月

致 谢

颐真园·揽月阁开始营建的几年，正是棕榈股份从传统园林业务向生态城镇升级转型的关键时期，在公司事务异常繁忙的时刻，我能抽出时间来主导这个小巧的项目并最终顺利建成，以及棕榈达到今天的成就，全赖我的棕榈同事们，以及有关专家、学者、客户与供应商等朋友，正是你们的支持和奉献才成就了今天的我，谨对大家表示衷心感谢。

感谢孟兆祯院士、杨赉丽先生及吴劲章先生，你们对本项目的营造给予了宝贵的意见！孟先生不但是这个改造项目的倡议者，还在2013-2015年间四次亲临本项目进行指导，并参与馆名、园名及景名的敲定和题写，还欣然为本书作序。劲章先生在关键时刻和具体节点上给予许多支持和帮助。正是你们的帮助，使本项目生色不少！

麦洪峰先生全程参与了本项目的营造，包括项目的构思，并协助设计、组织施工、采购和补遗理微等，麦先生的用心及经验保证了项目的顺利建成；梁庆洲、欧少毅团队在建筑设计和装饰上费了不少心力；陈亚辉团队完成了技术繁杂的钢结构工程；麦锡显参与了庭园工程；冯志明协助了多项传统工艺的实施；精致的室内木雕则由棕榈股份负责的原国家园林博物馆余荫山房仿建项目马中强团队支持。肇庆刘演良老师题写了园记，杨焯忠协助了石刻，以上各位都是我亦师亦友的伙伴，谨此一并感谢！

棕榈同事在相关节点上给予了支持，他们是：赖国传、黄旭波、吕晖、刘坤良、孔繁藻、刘信凯、何健华、沈顺锋等。其中赖国传在十多年前为本案勾画了环屋溪流的设计。

多位前辈及好友指导了颐真园的兴造，有陈晓丽、石安海、陈重、郑淑玲、张树林、施奠东、胡运骅、周在春、王绍增、梁心如、刘管平、张佐双、刘锦红、王早生、曹南燕、彭承宜、周琳洁、钟汉谋、杨学波，以及高翅、张启翔、李雄、杨锐、李纬民、刘滨谊、许大为、夏宜平、孙喆、张延龙、沈一、李迪华、李吉跃、张方秋、阮琳、胡羡聪、邢福武、陈弘志、沈虹、李敏、吴斌、陶晓辉、梅卫平、莫少敏、涂善忠、周伟国、彭涛、何志峰、高伟、周厚高及黎少棠等。

为本书提供照片的，有李玉祥、郑俊杰、陈俊生、张展、吴燕昌、黎高彤、谢有权等；潘志成、任福安、黄健炽等在本园锦鲤饲养上提供了帮助；夏义俊、黄富林、卢顺鉴等在灵龟饲养上给予了指导。

成玉宁、包志毅对本书给予宝贵建言，并分别为本书撰写了序和跋。东南大学出版社戴丽社长，东南大学艺术学院皮志伟老师，以及雅昌印刷吴远云等各位为本书的出版付出了辛勤劳动。

广东小雅斋拍卖公司负责人张汉彬、张汉明等对本项目的展陈给予了支持。我的助手陈珺、吴江彬、伍汉文、张蔚平、骆培华、周姗姗、关颖、曾芬、赵强民、赵富群、徐佼俊等同事，为本项目实施和本书编写做出了不少贡献。

作为长子，我以本项目的营造为双亲提供颐养天年的良好空间而自豪。父亲在园中生活了十多年，他远去时，梅花及朱顶红等白色粉色花卉好像略懂人情而开放，代表了后辈的情意。我的家人对项目实施给予了理解和支持。

谨对以上诸位的指导、支持和帮助致以万分的感谢！限于篇幅，未能将所有为本项目做过贡献的各位一一列名，谨在此一并致谢！

图书在版编目（CIP）数据

颐真园兴造/ 吴桂昌著 -- 南京 ：东南大学出版
社，2020.11
ISBN 978-7-5641-6027-2

Ⅰ．①颐… Ⅱ．①吴… Ⅲ．①园林设计 Ⅳ．
①TU986.2

中国版本图书馆CIP数据核字（2017）第100972号

颐真园兴造

YIZHENYUAN XINGZAO

著　　者	吴桂昌
责任编辑	戴　丽　朱震霞
责任印制	周荣虎
出版发行	东南大学出版社
社　　址	南京市四牌楼2号（邮编：210096）
出 版 人	江建中
网　　址	http://www.seupress.com
印　　刷	上海雅昌艺术印刷有限公司
开　　本	787mm×1092mm　1/8
印　　张	46.75
字　　数	400千字
版　　次	2020年11月第1版
印　　次	2020年11月第1次印刷
书　　号	ISBN 978-7-5641-6027-2
定　　价	360.00元
经　　销	全国各地新华书店

＊本社图书若有印装质量问题，请直接与营销部联系。电话：025-83791830